青少年探索世界丛书——

揭开宇宙的神秘盖头

主编 叶 凡

合肥工业大学出版社

图书在版编目(CIP)数据

揭开宇宙的神秘盖头 / 叶凡主编. —合肥:合肥工业大学出版社,2012.12
(青少年探索世界丛书)
ISBN 978-7-5650-1174-0

Ⅰ.①揭… Ⅱ.①叶… Ⅲ.①宇宙—青年读物②宇宙—少年读物
Ⅳ.①P159-49

中国版本图书馆 CIP 数据核字(2013)第 005450 号

揭开宇宙的神秘盖头

叶 凡 主编		责任编辑 郝共达
出 版	合肥工业大学出版社	开 本 710mm×1000mm 1/16
地 址	合肥市屯溪路 193 号	印 张 12
邮 编	230009	印 刷 合肥瑞丰印务有限公司
版 次	2012 年 12 月第 1 版	印 次 2022 年 1 月第 2 次印刷

ISBN 978-7-5650-1174-0 定价:45.00 元

目 录

宇宙是怎样形成的

千年的狂欢不会让人忘掉一切；纪元的更迭也无法带走一切疑问。在新的世纪里，仍然有许多长期困惑着我们的问题在心头萦绕。20世纪末，科学家们对哈勃太空望远镜观测到的一些现象进行分析后发现，宇宙大爆炸理论出现了矛盾；宇宙可能并非由大爆炸而开始的。倘若真的如此，宇宙又是从何而来呢？

在人类历史的大部分时期，创世的问题是留给神去解决的。对于宇宙的起源和人类从哪里来等问题，许多宗教都给出了一份自圆其说的答案。直到近几个世纪人类才开始撇开神，从科学的角度去思考世界的本源。

20世纪初叶，爱因斯坦的"相对论"横空出世。这个推翻传统时间和空间观念的理论，给空间、时间和引力都赋予完整的新概念。按照爱因斯坦的想法，宇宙应该是静态的。

1929年，美国天文学家埃德温·鲍威尔·哈勃发现，距离越远的星系越以更快的速度远离我们而去。这个后来被称为"哈勃定律"的发现，阐明了宇宙在膨胀的事实。

1946年，美国的伽莫夫提出"大爆炸"理论。此后，"大爆炸"理论逐渐形成体系，成为人们普遍接受的观点。大爆炸理论认为，宇宙诞生之前，没有时间、空间，没有物质，也没有能量。大约100亿年前，在这片"四大皆空"的虚无中，一个体积无限小的点爆炸了，宇宙随之诞生。大爆炸炸开了空间，也创造了时间，星星、地球、空气、水和生命等就在这个不断膨胀的时空里逐渐形成。此后，人们制造了以"哈勃"命名的太空望远镜，希望能够决定以"哈勃"命名的宇宙膨胀率——哈勃常数多年以来成为整个宇宙中最为重要的数字。它不仅牵涉到宇宙的过去，还将决定宇宙的未来。宇宙有一个开始，是否还会有一个结束？宇宙产生于"无"，是否还会最终回归到"无"？

围绕哈勃常数，一开始就展开了激烈的争论。按照哈勃本人测得的值推算，宇宙的年龄约为 20 亿岁，小于地球 40 亿岁的年纪，这显然不可能。显而易见，宇宙必须先于其他星球更早地诞生。因此，自 20 世纪 70 年代始，科学家们陆续用各种手段测出了不同的哈勃常数。然而根据这些值推算出的宇宙年龄，总是颇有偏差。

相对于围绕哈勃常数而展开的喋喋不休的争论而言，科学家们对某些确定星体年龄的测定却要确切得多。目前，天文学家们已经测知，银河系中一些最古老的星系的年龄约为 160 亿岁。这样，大爆炸只能发生在 160 亿年以前，但是，科学家们根据新近用哈勃望远镜观测的结果分析，推算出宇宙的年龄约为 120 亿岁左右。

这就意味着：宇宙的确比一些孕育其中的星系更年轻。

如果测算没有出现差错，解释只有一种——原先的假设出现了错误，宇宙可能并非从爆炸开始！

宇宙因为"年轻"而再度给自己的身世披上了神秘的色彩。

1999 年 9 月，印度著名天文学家纳尔利卡尔等人提出一种新的宇宙起源理论，对大爆炸理论提出挑战。

在纳尔利卡尔和另外 3 名科学家共同提出的新概念中，他们把自己的研究成果定名为"亚稳状态宇宙论"。

他们相信，宇宙是由若干次小规模的爆炸而不是一次大爆炸形成的。新理论认为，宇宙在最初的时候是一个被称为"创物场"的巨大的能量库,而不是大爆炸理论所描述的没有时间、没有空间的起点。在这个能量场中,不断发生爆炸,逐渐形成了宇宙的雏形。此后,又接连不断地发生小规模的爆炸,导致局部空间的膨胀。而时快时慢的局部膨胀综合在一起便形成了整个宇宙范围的膨胀。

新理论如一块沉重的巨石,在人们平静的心海里激起狂澜。人们开始重新反思生命甚至赋予生命的茫茫宇宙。

早期人类看见浩瀚的天空,便说这是神的作为。但16世纪时期的天文学家开普勒却以三条自然定律来解释天体的活动,并启发牛顿发现了万有引力。科学的一大假说,便是宇宙乃是一个可预料而有秩序的系统,就如同钟表结构一般,虽然有些现象比其他的复杂,难以理解,但其背后仍是有规律的。

然而,开普勒和牛顿在20世纪末期终于遇到对手。美国麻省理工学院两位科学家表示,整个太阳系根本是个无法预测的星系。宇宙变幻莫测这一说法的支持者也越来越多,他们相信,简单而严格的规律虽然会衍生出永恒及可预料的模式,但同样会导致混乱的复杂。

科学目前仍未能解释为什么宇宙会从混乱复杂中制造秩序,我们只能说:宇宙本身似乎是倾向创造规律模式的。

在空间和寿命上,宇宙真是无限的吗?也就是说,宇宙到底有多大?

没有人知道宇宙有多大,因为人的头脑根本无法想像出宇宙大到什么程度。

如果我们从地球出发来看看四周,便可明白究竟。地球是太阳系中的一个行星,而且只不过是太阳系中很小的部分。

而太阳系又仅是大"银河系"的一小部分。在银河系中有千千万万的恒星,其中有些恒星都比我们的太阳大得多,同时这些恒星也都自成一个"太阳系"。

因此我们夜晚在"银河"中看到的那些数不尽的星星、每个星星都是一个"太阳"。这些星星离我们很远,远得不能用千米而必须用光年计算,1光年就是光在1年里走过的距离。光的速度为每秒30万千米,1光年为9.65万亿千米。我们能看到最亮的也就是离地球最近的一颗是"人马星",但你可知道它离我们多远吗?110万亿千米!

现在我们还只谈到我们自己的银河系呢,这条银河系的宽度据估计大约为10万光年,我们的银河系却又是一个更大体系的一小部分。

在我们的银河系以外还有千千万万个银河系。而这千千万万个银河系的整体,又可能只是另一个更大体系的一部分罢了!

现在你可以明白我们无法想像出宇宙有多大的原因了吧。另外,据科学家说,宇宙的范围还在继续不断地膨胀呢!也就是说,每隔几十亿年两个银河系之间的距离就增加一倍。

以前我们认为,宇宙是无限的,时间是无始无终的,空间是无穷无尽的,因而是不生不灭的。自从人们在观测中知道宇宙正在膨胀,速度又正在减慢下来,于是一个全新的宇宙有限观,几乎代替了宇宙无限的旧观念。宇宙学家根据观测估计,宇宙在超空间中的一个小点上爆炸,经过膨胀再收缩,最后崩溃死亡,大约要经过800亿年,目前大约只过了160亿年。但在以后的600多亿年中,宇宙间的一切,正向中心一点集拢,走向末日。当时空都到了尽头,我们的宇宙便"消失"了。正如超级巨星在热核燃烧净尽,引力崩溃,所有物质瞬间向中心收缩,形成不可见的黑洞,成为存在而不可见的超物质,这便是宇宙死亡的模型。

宇宙的大小跟它的年龄是一而二、二而一的问题。部分天文学家相信,宇宙是经历了一次大爆炸后诞生的,诞生后随即不断扩展。因此若以地球为中心,一直伸展至看得见的宇宙边缘,这距离(以光年计算),就透露了宇宙的年龄。

天文学家尚未能一致肯定看得见的宇宙究竟有多大,其中一个主要原因在于大爆炸发生的确切时间是个谜。

20 世纪 20 年代,天文学家哈勃发现,宇宙原来是以恒速扩张的。宇宙中的星体就如气球上的波点。当气球愈胀愈大,波点之间的距离也愈大,换句话说,两个星体之间的距离愈大,它们互相抛离的速度便愈高。

"哈勃常数"就是星体互相抛离的速度和距离之比例。常数数值愈高,表示宇宙扩张至现今的"尺码"所需的时间愈短,宇宙也就愈年轻。

不过,天文学家对"哈勃常数"的数值仍未有一致意见,但大多数天文学家均认同宇宙较老的说法,因为有些银河系存在已有 150 亿年。

大爆炸理论

曾几何时,有个似乎十分简单的设想,即宇宙始于一次大爆炸。

宇宙诞生的故事慢慢拼凑起来。"大爆炸"方程式甚至还可以用于预测宇宙历史早期形成的质量较轻元素(氢、氦和锂)的相对数量。而且"大爆炸"理论还与观测结果十分吻合,这真是不可思议。

但是这种理论上的乐园已经难有好日子过了。最近几年,"大爆炸"理论不能自圆其说的问题接踵而来,宇宙不再那么循规蹈矩了。

最新打击

最新的打击是不久前出现的。人们长期以来一直认为,星系彼此之间的引力与宇宙扩张相抗衡,向心引力刚好与离心张力形成平衡,使宇宙得到控制。理论学家们看到后来出版的《科学》杂志时肯定会深感震惊,因为那期杂志报告了宇宙在加速膨胀的证据,这表明存在某种尚无法解释的与引力作用相反的斥力。

虽然还未成定论,但是它却是理论学家一直绞尽脑汁要弄明白的一系列惊人结论中最新出现的一个。由于天文学家们的观测工具越来越灵敏,所以就必须不断往原始的"大爆炸"理论中塞进一个又一个用心良苦的假设——先是宇宙大爆炸之后随即出现过短暂的"膨胀期"、存在大量看不见并无法解释的"暗物质",现在则可能是正使宇宙加速

扩张的某种神秘的东西。

理论起始

爱因斯坦是最先模模糊糊领悟到后来称为"大爆炸"的人之一，他对这种设想深恶痛绝。1917年，他意识到他的广义相对论意味着宇宙或者在收缩，或者在膨胀。他给他的方程增加了一个项，后来称之为宇宙常数，这是一个附加因素，可以使宇宙体积的变化忽略不计。

后来，天文学家们收集到了确凿的证据，表明星系的确在膨胀，离开地球的距离以及彼此间的距离越来越远。爱因斯坦因此有个著名的论断，认为其宇宙常数是他的"最大错误"。

"大爆炸"理论几乎从问世以来就一直命运多舛。

通过间接测量星系之间的距离以及星系漂移的速度，著名天文学家埃德温·哈勃得出结论认为，宇宙大爆炸距今已有20亿年历史了。但是地质学家利用铀衰变为铅的速度却计算出地球本身的年龄为40亿年。

这一矛盾很快得到了解决。星系的移动速度是根据星系光线红移量测定的，这有点像远去的轮船汽笛声，音量急剧下降。对星系距离的测量甚至就更不确切了。人们不得不进行这样的推理，即如果能够在某个天体附近并一览无余地盯着看的话，该天体的亮度该有多大。通过将这种假设的固有亮度与实际上抵达地球的光线亮度相比较，我们就能估算出该天体与地球之间的距离了。直到1965年前后，该理论的拥护者还没有怀疑者多，当时天文学家阿尔诺·彭齐亚斯和罗伯特·威尔逊发现了无处不在的背景辐射，这是最初大爆炸留下的余光。再加上对最初大爆炸后形成丰富轻元素的预言得到验证，大爆炸理论似乎可以盖棺定论了。

不断修正

但并不是所有事情都能得到解释。例如,为什么无论在哪里出现的背景辐射都有完全一样的温度呢?这种吻合似乎过于完美,而显得不真实自然。还有更令人不可思议的,那就是宇宙匪夷所思的形状。一个"封闭"的宇宙是弯曲的,所以宇宙万物最终会崩溃。而一个"开放"的宇宙则将无限扩张。但是无论如何,我们自己的宇宙似乎是"平的",介乎这两者之间。

除非存在宽厚仁慈的独裁者,否则宇宙中一切怎么能够如此和谐呢?

1979年时出现了一个答案,当时物理学家艾伦·古思提出了一个假设,认为在最初大爆炸之后,宇宙紧接着进入超高速疯狂扩张期,宇宙体积成倍成倍地膨胀。该膨胀期只持续远远不到一秒钟的刹那间。但是计算结果表明,这就足以使辐射变得均匀,并使弯曲展平——消除了大爆炸留下的波纹,于是又恢复了宇宙常数。

但是宇宙学家们随后又开始感到不安了,因为宇宙辐射过于均匀,这表明宇宙最初是均质单一的,后来莫名其妙地演化成我们今天所见到的不规则的宇宙,中间点缀着恒星、星系和巨大星系团。要想让这么多的物质凝结起来,似乎宇宙的年龄还不够大,引力也不够强。于是就出现了另一次修正:宇宙学家们已经发现,理论上存在的暗物质可以让"大爆炸"理论自圆其说:如果宇宙中存在足够多的这种看不见的物质,那么这种物质就可以产生额外的引力,促使形成巨型结构。

"大爆炸"理论变得不再简单明了,现在甚至似乎变得越来越复杂了。

以正在发生爆炸的恒星超新星作为测量距离的信标(因为可以用超新星闪烁的速度来估计它们的实际亮度),天文学家们最近很不情愿

地得出这样一个结论,即宇宙可能正在莫名其妙地加速扩张。

　　还可能出现这样的情况,光学错觉让天文学家看走了眼。与此同时,理论学家们又在忙着修补漏洞了。

霍金理论

斯蒂芬·霍金可能已经解开了宇宙间最大的奥秘。他提出了有关时间起源的理论,并断言时间永远没有尽头。

宇宙里有什么

霍金被普遍认为是继爱因斯坦之后最伟大的科学思想家。他以自己的聪明才智探究世界上最难以解答的谜题：在 120 亿年前造就宇宙的"大爆炸"之前,发生过什么事情?

霍金对宇宙诞生之前的一瞬间所进行的最新研究，使他找到了引爆宇宙最初"大爆炸"的导火索。身体残疾的霍金是剑桥大学数学教授,著有畅销书《时间简史》。

剑桥大学数学物理学教授、霍金的合作者尼尔·图罗克认为,这项名为"开放性膨胀"的理论将会得到科学界的认同。他说:"这是迄今为止提出的有关宇宙起源的最好的解释。"

宇宙不会坍塌

这一理论解释了形成行星和星系的物质是如何被创造出来的,以及宇宙为何能够永远膨胀下去，而不会像某些宇宙学家所推测的那样

在"大坍塌"中崩溃。

霍金在加州理工学院的一次宇宙学研讨会详细阐述了他的理论，他的理论将标志着他有关宇宙起源和归宿的研究获得了重大进展。

他在最近的研究中，试图探究在"大爆炸"前一瞬间所发生的事情。他通过建立数学理论，对空间、时间及物质形成之前极其短暂的瞬间做出解释。

世上万物

宇宙学家一致认为，在"大爆炸"之后，宇宙迅速冷却，从而使原子粒子组成体积较大的物质团块，这些团块最终成为恒星、星系及行星。但是在"大爆炸"起因的问题上，宇宙学家的观点仍然存在分歧。

霍金和图罗克认为，在"大爆炸"之前的瞬间，宇宙是一个豌豆状的微小物体，它悬浮于一个没有时间的空间内，这个空间经历了迅速扩张，这种扩张被称作"暴胀"的时期。这种扩张发生在宇宙空前"大爆炸"之前极为短暂的一瞬间。

图罗克说，该理论解释了"大爆炸"之前一瞬间发生的事件怎样导致了今天的宇宙。

他说："这听起来有点荒唐，这是因为我们的理论不仅谈到了这个微小的豌豆状宇宙的形成，而且还有它的整个未来。"

有些宇宙学家认为宇宙会继续扩张，但总有一天引力会迫使它收缩。霍金和图罗克说，他们通过求解爱因斯坦的引力方程，证明了宇宙可以无限制扩大，从而解决了这一难点。

《时间简史》

　　了解霍金新理论的宇宙学家对该理论的含义深表叹服，但他们希望由时间来检验其中的细节。伦敦帝国学院的理论物理学家安德烈亚斯·阿尔布雷克特说："这是宇宙学中最重要的问题，但这一理论要进一步完善才能让我们完全信服。"

　　霍金和图罗克是通过在脑子里摆弄物理学定理而不是凭着对天体的直接观察提出他们的理论的，他们还需要说服那些持怀疑态度的天文学家。

　　天文学家马丁·里斯认为，在得到直接天文观测的证实之前，霍金的理论还只是推测而已。不久后发射的一颗美国卫星将对"大爆炸"所遗留下来的微波辐射进行勘测，届时可望能为这一理论提供重要的证据。

　　与此同时，霍金将根据他的新理论改写《时间简史》中有关宇宙起源的章节。

关于宇宙

当今世界上两位研究宇宙的大师在时间的开始与延续问题上相持不下。数学家和物理学家们正在阅读两篇论文,这两篇论文在为什么宇宙可能永远没有终点的问题上各执一词。

甲方和乙方

一方是坐在轮椅上的宇宙学家斯蒂芬·霍金(他可能是仍然在世的最著名的科学家)及其剑桥大学的同事尼尔·图罗克,他们在由《物理快报》发表的论文中提出的论点是,最初万万万亿分之一秒时间里发生的一切可能决定了宇宙永恒不灭的本质。

另一方是俄罗斯物理学家安德烈·林德(他是膨胀理论的泰斗之一,试图解释在最初的一刹那间里发生的事情),他在已发表的论文中说,霍金和图罗克理解错了,因为类似于我们所处的这个砰然一声就诞生的宇宙时时刻刻都在出现,因此试图找到时间的开始或终止是毫无意义的。

论点和论据

这一争论的实质是个重大问题。所有证据都表明我们的宇宙有一个开始,而且这种开始包括空间和时间这两方面。我们的宇宙 150 亿年来一直在膨胀。那么,存在着早于我们的宇宙诞生时刻"之前"的宇宙吗?宇宙膨胀会终止吗?

天文学家们一再提出的假设认为,我们的宇宙密变还不足以使其自身的扩张停下来。再过数十亿年之后,所有星系都将会衰颓,但是尚有余烬的星系残骸还将永恒飘荡,彼此间的距离越来越远。霍金在其最新写就的论文中检验了爱因斯坦的某些思想,并利用纯理论得出同样的结论:我们宇宙的未来是由其诞生时的条件决定的。

天文学家马丁·里斯教授说:"他们声称以某种比其他关于这些问题的设想更自然的方式建立了低密度宇宙理论的模型。这是一个变异理论,利用了霍金早些时候提出的某些思想。"他还说,林德认为霍金和图罗克的理论模型没有给出正确的宇宙密度。"他们的理论已受到天文学泰斗林德的抨击"。

这两种论点都以名为宇宙膨胀的瞬间为论据。在宇宙膨胀的瞬间,宇宙砰的一声从无到有诞生了,并以比光速快得多的速度自我膨胀。这种膨胀是一种反引力。但是这种论点认为,由于引力是负能量,所以这种反引力肯定代表正能量。爱因斯坦的理论认为,物质只不过是冻结的能量,因此,所有恒星及星系在这种膨胀瞬间都因为其固有的能量而出现塌缩。

宇宙膨胀问题已经让天文学家们着迷了十几年。它会形成一个在扩张和崩溃之间实现临界平衡的宇宙吗? 或者会形成一个具有"负曲线"和无限未来的宇宙吗?马丁·里斯教授说:"这正是林德以及霍金和图罗克试图要弄明白的问题。他们都在想方设法得出不同的膨胀结果,使我们能够推导出最终统一的但是拥有负曲线的宇宙。霍金—图罗克论文中的新东西将证明。你也能够更自然地做到这一点。"

迷雾重重

霍金提出的新论点，意味着哲学家现在不得不考虑时间有始无终的问题。这可能是更令人头痛的问题。

马丁·里斯教授说："林德对他所称的永恒膨胀笃信不疑。一旦某个宇宙运转起来，它就会持续膨胀，并不断滋生新的大爆炸。林德提出的反对意见之一是，他认为霍金所说的起源大爆炸根本就不存在。如果发生一次大爆炸，那么就会引发无数次大爆炸。如果是这种情况的话，霍金所关心的初始条件就会消失在比我们所能料想到的更深的宇宙史迷雾中。"

宇宙第一缕光

一个多国研究小组宣布，研究人员第一次用架设在地球上的望远镜看到了属于那个被天文学称为宇宙黑暗时代的遥远时期的暗淡无光迷雾——恒星和星系在这个古老的时代还没有开始发光。

如果这一发现经得起其他那些最近几十年来一直在搜寻这一结果的科学家的检验，那么它将意味着人类已经观测到了宇宙在星光和其他辐射开始弥漫天空时所发出的第一线曙光。

加利福尼亚理工学院天体物理学家理查德·埃利斯博士说："这是恒星诞生的时代。"埃利斯本人并未参与此项研究工作，不过他认为多国研究小组的发现"非常令人振奋"。

宇宙的"黎明"是参与斯隆数字天空测绘计划的科学家观测到的。雄心勃勃的斯隆数字天空测绘计划将为许多巨大的宇宙区域绘制天体图，并将对大约 2 亿个天体进行编目分类。

斯隆研究小组的负责人之一，同时就职于戴维斯加利福尼亚大学和劳伦斯·利弗莫尔国家实验所的天体物理学家罗伯特·贝克说："恒星和星系直到这一时刻才开始出现。"

长期以来，科学家一直认为在大约 130 亿年前宇宙发生创世大爆炸之后，紧接着出现了一个空洞的、没有任何生气的时期——黑暗时代，一直到大爆炸产生的气体可以结合成恒星和星系，就像我们今天看到的那些在天空中闪烁的恒星和星系。

但是随着宇宙的膨胀和温度的下降，大量爆炸产生的气体仍然以氢原子的形式在宇宙中飘荡，就像一层厚厚的迷雾。这层迷雾挡住了第一批恒星发出的光芒。与地球上的黎明相似，随着越来越多的恒星诞生，它们发出的光芒使氢原子发生电离，使它变得基本上透明，因而很快就驱散了迷雾。

剑桥大学天体物理学家马丁·里斯爵士说，"科学家估计，在最初的50 万年时间里，宇宙的温度是非常高的"，造成这种高温的原因是大爆炸。

里斯爵士说，随着宇宙温度的降低，黑暗时代统治宇宙长达数亿年之久，直到恒星开始形成并最终使爆炸产生的气体发生电离。

参与斯隆测绘计划的天文学家认为自己观测到的东西，是这层迷雾最后的几缕痕迹在人类目前观察到的最遥远的天体 (一个该研究小组早些时候发现的被称为类星体的天体)所发出的光芒照射下形成的阴影。

这一发现也是斯隆研究小组的另一位成员、普林斯顿大学的詹姆斯·冈恩博士的胜利。他曾在 35 年前与同事布鲁斯·彼得森预言说，不带电的氢原子气体会吸收辐射并只在遥远的类星体的光谱上投下一个阴影。在此后的几十年时间里，研究人员一直没有观测到这种被称为冈恩—彼得森效应的现象，直到现在。

回顾过去，冈恩博士说："我们现在才观测到这种效应的原因是我们一直没有找到足够遥远的天体。"

宇宙在加速膨胀

据《科学》杂志报道，一个国际天文学家小组已发现证据，证明宇宙正在加速膨胀，并表明这与神秘的"宇宙反引力"有关。

这些天文学家说，这一证据的确凿性达98.7%至99.9%之间。这一惊人的结论，进一步激发了长久以来一直悬而未决的争论，即宇宙是否一直膨胀、收缩还是会在引力和反引力之间达到平衡。

这一最新发现有悖最流行的大爆炸理论模型，后者假设宇宙在形成数十亿年后有相应的临界质量，足以使其维持在将要出现收缩的边缘。

伯克利加州大学亚当·里斯说："我们不仅看不到宇宙在减速，反而看到宇宙在加速。"里斯是正在为这项发现而起草论文的主要作者。

来自欧美、拉丁美洲和美国的天文学家都转向哈勃望远镜及其他地基天文台，观测原理太阳系70亿光年远的超新星亮度的变化。

在澳大利亚斯特姆罗山塞丁·斯普林天文台布赖恩·施密特的领导下，高超新星研究小组发现，"这颗超新星的亮度表明，自这颗恒星几十亿年前爆炸以来，宇宙实际上在加速膨胀"。

他们的结论总是指向一种与引力相反的神秘斥力。

与引力相反的斥力概念并不新鲜。爱因斯坦在其相对论中第一个提出了这种斥力概念，认为宇宙是平衡的。

宇宙将永远膨胀

研究宇宙本质的 5 个天文学家小组报告说，宇宙的"质量较轻"——其密度并不很大，并且很可能永远膨胀和持续下去。

普林斯顿大学研究人员露丝·戴利在一次新闻发布会上说："我们有 95% 的把握认为宇宙将会永远膨胀下去。"在这次新闻发布会上，所有 5 个研究小组都报告了它们的研究结果。

宇宙的密度越大，其膨胀出现极限并且最后自行毁灭的可能性就越大。但是研究人员发现，宇宙的实际质量仅有产生上述结果所必需质量的 1/5。

那么，质量较轻的宇宙的无限制膨胀将会导致什么结果？

戴利说，"任何受引力约束的东西仍将受引力约束"，但是由于没有新的结构形成，"恒星将衰老和死亡，一切将变成灰烬。最终会剩下一堆岩石……宇宙将会成为乏味和冰冷的地方"。

不过现在，天文学家对于此类宇宙学问题能够根据观察数据而不是纯粹依据理论进行探讨感到一丝欣喜。劳伦斯伯克利国立实验室的索尔·珀尔马特说："我们将破天荒地能够得到有关宇宙的数据，人们将向实验天文学家——而不是哲学家——请教有关宇宙本质的问题。"

珀尔马特的研究小组收集了来自爆炸过的恒星(即超新星)的光线数据，以计算宇宙膨胀的速度。

利用已知的光速以及测到的每颗超新星的相对暗淡程度，他们可以确定超新星的年龄和位置，从而估算出宇宙的膨胀速度。

宇宙到底有多大

宇宙到底有多大?这是每个人都可能要问的问题,但也是谁都不能给出准确答案的问题。

关于宇宙有两个概念,一个是我们用天文望远镜能够看到的空间范围,一个是我们看不到的空间范围。

就目前来说,我们所能看到的宇宙空间范围接近 200 亿光年。大约有几十亿个星系。对我们所能看到的宇宙,有人曾打过这样的比方:把人们观测到的宇宙假设为一个半径为 1 千米的大球,有 3000 亿颗恒星的银河系位于球心,大小就如一片阿司匹林药片;银河系的孪生姐妹仙女星系 M31 距我们约 13 厘米;距本星系群最近的是玉夫星系团,离我们约 60 厘米;3 米以外有体积如足球大小的室女星系团,这个星系团是一大群星系的松散集合体;大约 20 多米处,是含有几千个星系的集团——后发星系团;更远处还有更大的星系团,最大的直径达 20 米左右;天空中最强的射电星系之一的天鹅座 A,距我们 45 米;最亮的类星体 3C273,位于 130 米处;1986 年英国科学家斯蒂芬·沃伦等人发现的距地球 200 亿光年的类星体,几乎到了我们可见宇宙的边缘,接近 1000 米处。

以上是我们可见的宇宙。在这之外,宇宙还有多大?其边界在什么地方?这些都是人们感兴趣的问题。

德国大哲学家康德曾提出著名的时空悖论,强调人们关于宇宙有限与无限的理解必然存在着矛盾。

古典力学创立者牛顿设想：宇宙像一个无边界的大箱子，无数恒星均匀地分布在这个既无限又空虚的箱子里，靠万有引力联系着。他的观点引出了有名的"光度怪论"（即奥尔伯斯佯谬）：如果宇宙真的

是无限的，恒星又是均匀地分布着，那么夜晚的天空将会变得无限明亮。

相对论大师爱因斯坦于1917年提出了有限宇宙的模型，"把宇宙看作是一个在空间尺度方面的有限闭合的连续区"，并从宇宙物质均匀分布的前提出发，在数学上建立了一个前所未有的"无界而有限"、"有限而闭合"的"四维连续体"，即一个封闭的宇宙。根据爱因斯坦提供的这个"宇宙球"模型推想，在宇宙任何一点上发出的光线，都将会沿着时空曲面在100亿年后返回它的出发点。

人类目前的认识，实际上是把宇宙作为在时间上有起点、在空间上有限度的想像模型来对待的。

宇宙的范围究竟是有限的，还是无限的?现实的回答只能是：人们所能认识的宇宙还是极其有限的，只要人们找不到宇宙可以穷尽的迹象，那么就应该承认，对宇宙范围的探索是没有止境的。

宇宙和宇宙观

各种各样的天体,组成了不同的天体系统,分布在广阔无边的空间里,它们在运动着和发展变化着,这就构成了宇宙。可见,宇宙就是天地万物的总体。恩格斯曾指出:"宇宙是一个体系,是各种物体的相互联系的总体。"(恩格斯《自然辩证法》)早在 2300 多年前,我们祖先对宇宙就有了一个非常概括的认识:"上下四方谓之宇,古往今来谓之宙。"(《淮南子》)这种对宇宙的认识,既有空间意义,又有时间意义。人类对宇宙的认识.具有明显的阶段性和连续的。在不同阶段有不同的宇宙图景,而这种图景是不断扩展,前后连续的。今天的人类观测视线已经扩展到直径 200 亿光年以上的宇宙深处,随着科学技术的不断发展。特别是随着天文卫星和探测器的不断改进,人类对宇宙的认识将会不断深化,对什么是宇宙,终将被揭晓。

宇宙观就是对宇宙的看法。在对宇宙的看法上,自有人类历史以来,就一直存在着唯物主义和唯心主义的分歧。正如毛泽东所指出的:"在人类认识史中,从来就有关于宇宙发展法则的两种见解,一种是形而上学的见解,一种是辩证法的见解,形成相互对立的宇宙规。"唯心主义的宇宙观和唯物主义的宇宙观,是截然不同的,是完全对立的。对一个唯物主义者来说,树立科学的宇宙观,是十分重要的。

人们对宇宙的看法,主要反映在宇宙是物质的还是精神的 (即物质观)、宇宙间各种物质是运动的还是静止的(即运动观)、宇宙在时间和空间上是有限的还是无限的(即时空观)上面。在上述几个方面,唯物主义宇宙观和唯心主义宇宙观,存在着根本分歧。

众所周知,宇宙是由各种天体和星际物质构成的,是物质的,而不是什么"人的意识的体现"。可是唯心主义宇宙观,则宣扬什么"宇宙是精神的",是"神"创造和主宰的。并把天体加以神化、妖化,鼓励祭天、拜日和占星,提倡有神论,宣扬天命观。因此,反对唯心主义,认识宇宙的物质性,这对树立科学的宇宙观,是有重大意义的。

宇宙中的各种天体和宇宙整体都在运动着和发展变化着,不能用静止的观点去观察宇宙和认识宇宙。

宇宙中每个独立存在的个体,无论任何一种天体,都具的高速的运动,用以抵抗核心天体的吸引。例如月球绕地运动速度每秒 1 千米,如果它停息片刻,就会被地球吸引过去,也就没有月亮了;同样,地球绕太阳运动每秒 30 千米,如果停息片刻,也会掉进太阳火窝里,就没有地球和人类万物了。可见,运动是宇宙间各种天体个体存在的条件,也是整个宇宙总体存在的原因。

宇宙间各种天体和宇宙总体无时不在发展变化着。各种天体都是星前物质元素的巨大凝结体, 它们现在是处于各种不同的物理状态之下。今天,人们看到的宇宙间各种现象,是宇宙间各种物体和物质发展过程中的一瞬间,它不仅具有空间意义,而且还具有时间意义。可以断言,今天人们所看到的宇宙图景,不是今天宇宙的真实面貌,而有的已经过去,有些新的东西尚未到来,还要等待很久很久才能知晓。

宇宙是无限的还是有限的?这不能一概而论。在哲学上,宇宙是无限的。在银河系之外,还有许许多多和银河系相似的巨大星系。即使是总星系这样庞大的天体系统,在广大无边的宇宙中也只是一个小"岛"而已。"上下四方"这种认识虽然是笼统的,但却是合理的。宇宙的边际,将随人类的观测手段和方法的改进,而不断扩大。这一点,从过去几千年

23

来人类对宇宙的认识历史，就可以得到充分说明。从哲学上看，宇宙也是无始无终的。既没有开天辟地之日，又没有宇宙毁灭之时。所以"古往今来"这种认识也是有道理的。当然，从唯物辩证法的观点来看。无限是由有限构成的，宇宙甲的每个世界，任何一个天体以及宇宙整体，都是有始有终，有生有灭，再生再灭，循环不已的，都有其发生、发展、衰老和死亡的过程。所以现代宇宙学研究的宇宙，即人类已经观测到的宇宙，无论任何一个层次的天体系统以及宇宙整体都是有限的，在时间上有生死，在空间上有边际。这种认识和唯物主义宇宙观并不是背道而驰的。从哲学上看，抽象的宇宙是无限的；从天文学上看，具体的宇宙是有限的。这应是科学宇宙观中时空观的共识。

　　正确的科学宇宙观的建立和发展，愈来愈限制了神学的范围，逐渐缩小了封建迷信的地盘。但几年来对宇宙认识的错误观念，还没有彻底肃清，无论任何社会、任何国家，也不管是中国或外国，只要有人类存在，都是如此，所差的只是程度上的不同而已。

宇宙有中心点吗

太阳是太阳系的中心，太阳系中所有的行星都绕着太阳旋转。银河也有中心，它周围所有的恒星也都绕着银河的中心旋转。那么宇宙有中心吗?有没有一个让所有的星系包围在中间的中心点?

看起来应该存在这样的中心，但是实际上它并不存在。因为宇宙的膨胀一般不发生在三维空间内，而是发生在四维空间内的，它不仅包括普通三维空间(长度、宽度和高度)，还包括第四维空间——时间。描述四维空间的膨胀是非常困难的，但是我们也许可以通过推断气球的膨胀来解释它。

我们可以假设宇宙是一个正在膨胀的气球，而星系是气球表面上的点，我们就住在这些点上。我们还可以假设星系不会离开气球的表面，只能沿着表面移动而不能进入气球内部或向外运动。在某种意义上可以说我们把自己描述为一个二维空间的人。

如果宇宙不断膨胀，也就是说气球的表面不断地向外膨胀，则表面上的每个点彼此离得越来越远。其中，某一点上的某个人将会看到其他的点都在退行，而且离得越远的点退行速度越快。

现在，假设我们要寻找气球表面上的点开始退行的地方，那么我们就会发现它已经不在气球表面上的二维空间内了。气球的膨胀实际上是从内部的中心开始的，是在三维空间内的，而我们是在二维空间上，所以我们不可能探测到三维空间内的事物。

同样的，宇宙的膨胀不是在三维空间内开始的，而我们只能在宇宙的三维空间内运动。宇宙开始膨胀的地方是在过去的某个时间，即亿万年以前，虽然我们可以获得有关的信息，而我们却无法回到那个时代。

宇宙的归宿

广袤无垠的星空，一望无际的银河，在我们的头顶上有一个尽一切可能也望不到边缘的天体，这就是宇宙。一切生物都是有生命的，生生不息，周而复始。可是作为一切生物生存之地的宇宙有没有生命呢?它会不会终结呢?它的归宿何在?

要想探讨宇宙的归宿，首先就必须了解宇宙的来源。从人类文明诞生之日起，就有人在思考这个问题。今天，虽然科学技术已经有了重大进步，但关于宇宙的来源，仍处在假说阶段。归纳起来，大致有以下几种理论:"宇宙爆炸"理论、"宇宙永恒"理论和"宇宙层次"理论。

天文工作者的理论表明，宇宙既有可能是开放式的，又有可能是收缩型的。如果现今这种膨胀速度几乎没有什么变化的话，宇宙就是一个开放的宇宙，将会一直蔓延，直至无穷;如果膨胀最终冷却下来的话，那么宇宙就是一个闭合的宇宙。根据天文工作者的观测，宇宙膨胀的速度已经有减慢的趋势了。按照这种理论，综合天文学家们观察的种种结果，宇宙已经开始收缩了，也就是说宇宙应该是闭合的宇宙。

另外，依据宇宙的平均密度临界值可以确定宇宙是开放型的还是闭合型的，这个临界值是 $5.10s/cm^3$。目前，宇宙的平均密度是 $1.10s/cm^3$，小于临界值，因此，从这一点来看，宇宙是开放的。但是考虑到宇宙中存在大量的暗物质，宇宙还有可能是闭合的。

评判宇宙是开放还是闭合还有一个标准，那就是看恒星燃尽之后的剩余物质。如果宇宙是开放的,那么一般来说,恒星燃尽之后的结局有三种:白矮星、中子星和黑洞。究竟是哪一种,主要取决于恒星燃尽之后的剩余物质。

天文观察结果表明,宇宙中很多恒星也如人类一样在进行着生与死的更替轮回,不过因为形成新恒星的氢物质正在渐渐减少,所以,从总体上看,死星的数量是多于新生恒星的。天文学家计算表明,再过100万亿年,所有的恒星都有可能进入生命晚期,那时,茫茫宇宙中将只能见到点点星光了,恒星仍然在散发着自己的余热,不过这种散发余热的过程并不能持续多久,到时候,宇宙中将不会再有生命了。

但是没有生命并不就代表物质运动会终止,宇宙中的物质还会继续运动。

据计算,任何恒星在100万亿年以后都会与另一颗恒星接近一次,那么若是经过1亿亿年,每一颗恒星都会发生100次这样的接近。这样,在这颗恒星周围的行星就会被撞得流离失所。

恒星与恒星之间还会发生碰撞事件,但机会比较小。相撞的时候,一颗恒星的能量会被另一颗恒星

获取,而获取能量的恒星就会脱离星系。假如是这样的话,100亿亿年以后,90%的恒星将会逃离星系,剩余的将会形成一个大黑洞。这样,宇宙的最终结局就是收缩。

新的粒子理论正好与这种结果吻合,这种理论认为,原子核内的质子可能不是永恒的物质,它的寿命只有1亿亿亿亿年,1亿亿亿亿年以后,质子将会死亡,只剩下几种基本粒子和黑洞。在经过10的100次方年后,连黑洞都会被"蒸发"干净,就剩下几种粒子了。

当然,这只不过是其中的一种理论推测出来的结果。关于宇宙的命运,还有很多种理论的描述:我们目前能够做到的也仅仅是一种推测。真正的结果就像一团巨大的永恒的谜出现在我们的眼前。

宇宙的形状

1917年，爱因斯坦发表了著名的"广义相对论"，为我们研究大尺度、大质量的宇宙提供了比牛顿"万有引力定律"更先进的武器。应用后，科学家解决了恒星一生的演化问题。而宇宙是否是静止的呢？对这一问题，连爱因斯坦也犯了一个大错误。他认为宇宙是静止的，然而1929年美国天文学家哈勃以不可辩驳的实验，证明了宇宙不是静止的，而是向外膨胀的。正像我们吹一只大气球一样，恒星都在离我们远去。离我们越远的恒星，远离我们的速度也就越快。可以推想：如果存在这样的恒星，它离我们足够远以至于它离开我们的速度达到光速的时候，它发出的光就永远也不可能到达我们的地球了。从这个意义上讲，我们可以认为它是不存在的。因此，我们可以认为宇宙是有限的。

"宇宙到底是什么样子？"目前尚无定论。值得一提的是，史蒂芬·霍金的观点比较让人容易接受。宇宙有限而无界，只不过比地球多了几维。比如，我们的地球就是有限而无界的。在地球上，无论从南极走到北极，还是从北极走到南极，你始终不可能找到地球的边界，但你不能由此认为地球是无限的。而实际上，我们都知道地球是有限的。地球如此，宇宙亦是如此。

怎么理解宇宙比地球多了几维呢？举个例子：一个小球沿地面滚动并掉进了一个小洞中，在我们看来，小球是存在的，它还在洞里面，因为我们人类是"三维"；而对于一个动物来说，它得出的结论就会是：小球已经不存在了!它消失了。为什么会得出这样的结论呢?因为它生活在"二维"世界里,对"三维"事件是无法清楚理解的。同样的道理,我们人类生活在"三维"世界里,对于比我们多几维的宇宙,也是很难理解清楚的。这也正是对于"宇宙是什么样子"这个问题无法解释清楚的原因。

均匀的宇宙

长期以来,人们相信地球是宇宙的中心。哥白尼把这个观点颠倒了过来,他认为太阳才是宇宙的中心。地球和其他行星都围绕着太阳转动,恒星则镶嵌在天球的最外层上。布鲁诺进一步认为,宇宙没有中心,恒星都是遥远的太阳。

无论是托勒密的地心说还是哥白尼的日心说,都认为宇宙是有限的。教会支持宇宙有限的论点。但是,布鲁诺居然敢说宇宙是无限的,从而挑起了宇宙究竟有限还是无限的长期论战。这场论战并没有因为教会烧死布鲁诺而停止下来。主张宇宙有限的人说:"宇宙怎么可能是无限的呢?"这个问题确实不容易说清楚。主张宇宙无限的人则反问:"宇宙怎么可能是有限的呢?"这个问题同样也不好回答。

随着天文观测技术的发展,人们看到,确实像布鲁诺所说的那样,恒星是遥远的太阳。人们还进一步认识到,银河是由无数个太阳系组成的大星系,我们的太阳系处在银河系的边缘,围绕着银河系的中心旋转,转速大约每秒250千米,围绕银心转一圈约需2.5亿年。太阳系的直径充其量约1光年,而银河系的直径则高达10万光年。银河系由100多亿颗恒星组成,太阳系在银河系中的地位,真像一粒沙子处在北京城中。后来又发现,我们的银河系还与其他银河系组成更大的星系团,星系团的直径约为10^7光年(1000万光年)。目前,望远镜观测距离已达100亿光年以上,在所见的范围内,有无数的星系团存在,这些星系团不再组成更大的团,而是均匀各向同性地分布着。这就是说,在 10^7 光年的尺度以下,物质是成团分布的卫星绕着行星转动,行星、彗星则绕着恒星转动,形成一个个太阳系。这些太阳系分别由一个、两个、三个或更多个太阳以及它们的行星组成。有两个太阳的称为双星系,有三个以上太阳的称为聚星系。成千上亿个太阳系聚集在一起,形成银河系,组成银河系的恒星(太阳系)都围绕着共同的重心——银心转动。无数的银河系组成星系团,团中的各银河系同样也围绕它们共同的重心转动。但是,星系团之间,不再有成团结构。各个星系团均匀地分布着,无规则地运动着。从我们地球上往四面八方看,情况都差不多。粗略地说,星系团有点像容器中的气体分子,均匀分布着,做着无规则运动。这就是说,在 10^8 光年(一亿光年)的尺度以上,宇宙中物质的分布不再是成团的,而是均匀分布的。

由于光的传播需要时间,我们看到的距离我们一亿光年的星系,实际上是那个星系一亿年以前的样子。所以,我们用望远镜看到的,不仅是空间距离遥远的星系,而且是它们的过去。从望远镜看来,不管多远距离的星系团,都均匀各向同性地分布着。因而我们可以认为,宏观尺度上(10^8 光年以上)物质分布的均匀状态,不是现在才有的,而是早已如此。

于是,天体物理学家提出一条规律,即所谓宇宙学原理。这条原理说,在宏观尺度上,三维空间在任何时刻都是均匀各向同性的。现在看来,宇宙学原理是对的。所有的星系都差不多,都有相似的演化历程。因此我们用望远镜看到的遥远星系,既是它们过去的形象,也是我们星系过去的形象。望远镜不仅在看空间,而且在看时间,在看我们的历史。

有限而无边

爱因斯坦发表广义相对论后,考虑到万有引力比电磁力弱得多,不可能在分子、原子、原子核等研究中产生重要的影响,因而他把注意力放在了天体物理上。他认为,宇宙才是广义相对论大有用武之地的领域。

爱因斯坦1915年发表广义相对论,1917年就提出一个建立在广义相对论基础上的宇宙模型。这是一个人们完全意想不到的模型。在这个模型中,宇宙的三维空间是有限无边的,而且不随时间变化。以往人们认为,有限就是有边,无限就是无边。爱因斯坦把有限和有边这两个概念区分开来。

一个长方形的桌面,有确定的长和宽,也有确定的面积,因而大小是有限的。同时它有明显的四条边,因此是有边的。如果有一个小甲虫在它上面爬,无论朝哪个方向爬,都会很快到达桌面的边缘。所以桌面是有限有边的二维空间。如果桌面向四面八方无限伸展,成为欧氏几何中的平面,那么,这个欧氏平面是无限无边的二维空间。

我们再看一个篮球的表面,如果篮球的半径为 r,那么球面的面积是 $4\pi r^2$,大小是有限的。但是,这个二维球面是无边的。假如有一个小甲虫在它上面爬,永远也不会走到尽头。所以,篮球面是一个有限无边的二维空间。

按照宇宙学原理,在宏观尺度上,三维空间是均匀各向同性的。爱因斯坦认为,这样的三维空间必定是常曲率空间,也就是说空间各点的弯曲程度应该相同,即应该有相同的曲率。由于有物质存在,四维时空应该是弯曲的。三维空间也应是弯的而不应是平的。爱因斯坦觉得,这样的宇宙很可能是三维超球面。三维超球面不是通常的球体,而是二维球面的推广。通常的球体是有限有边的,体积是 $3/4\pi$,它的边就是二维球面。三维超球面是有限无边的,生活在其中的三维生物(例如我们人类就是有长、宽、高的三维生物),无论朝哪个方向前进均碰不到边。假如它一直朝北走,最终会从南边走回来。

宇宙学原理还认为,三维空间的均匀各向同性是在任何时刻都保持的。爱因斯坦觉得其中最简单的情况就是静态宇宙,也就是说,不随时间变化的宇宙。这样的宇宙只要在某一时刻均匀各向同性,就永远保持均匀各向同性。

爱因斯坦试图在三维空间均匀各向同性、且不随时间变化的假定下,求解广义相对论的场方程。场方程非常复杂,而且需要知道初始条件(宇宙最初的情况)和边界条件(宇宙边缘处的情况)才能求解。本来,解这样的方程是十分困难的事情,但是爱因斯坦非常聪明,他设想宇宙是有限无边的,没有边自然就不需要边界条件。他又设想宇宙是静态的,现在和过去都一样,初始条件也就不需要了。再加上对称性的限制(要求三维空间均匀各向同性),场方程就变得好解多了。但还是得不出结果。反复思考后,爱因斯坦终于明白了求不出解的原因:广义相对论可以看作万有引力定律的推广,只包含"吸引效应"不包含"排斥效应"。而维持一个不随时间变化的宇宙,必须有排斥效应与吸引效应相平衡才行。这就是说,从广义相对论场方程不可能得出"静态"宇宙。要想得出静态宇宙,必须修改场方程。于是他在方程中增加了一个"排斥项",叫做宇宙项。这样,爱因斯坦终于计算出了一个静态的、均匀各向同性的、有限无边的宇宙模型。一时间大家非常兴奋,科学终于告诉我们,宇宙是不随时间变化的、是有限无边的。看来,关于宇宙有限还是无限的争论似乎可以画上一个句号了。

宇宙的"宇宙模型"之说

　　几年之后，一个名不见经传的前苏联数学家弗利德曼，应用不加宇宙项的场方程，得到一个膨胀的、或脉动的宇宙模型。弗利德曼宇宙在三维空间上也是均匀、各向同性的，但是，它不是静态的。这个宇宙模型随时间变化，分三种情况。第一种情况，三维空间的曲率是负的；第二种情况，三维空间的曲率为零，也就是说，三维空间是平直的；第三种情况，三维空间的曲率是正的。前两种情况，宇宙不停地膨胀；第三种情况，宇宙先膨胀，达到一个极大值后开始收缩，然后再膨胀，再收缩……因此第三种宇宙是脉动的。弗利德曼的宇宙最初发表在一个不太著名的杂志上。后来，西欧一些数学家物理学家得到类似的宇宙模型。爱因斯坦得知这类膨胀或脉动的宇宙模型后，十分兴奋。他认为自己的模型不好，应该放弃，弗利德曼模型才是正确的宇宙模型。

　　同时，爱因斯坦宣称，自己在广义相对论的场方程上加宇宙项是错误的，场方程不应该含有宇宙项，而应该是原来的老样子。但是，宇宙项就像"天方夜谭"中从瓶子里放出的魔鬼，再也收不回去了。后人没有理睬爱因斯坦的意见，继续讨论宇宙项的意义。今天，广义相对论的场方程有两种，一种不含宇宙项，另一种含宇宙项，都在专家们的应用和研究中。

　　早在 1910 年前后，天文学家就发现大多数星系的光谱有红移现象，个别星系的光谱还有紫移现象。这些现象可以用多普勒效应来解释。远离我们而去的光源发出的光，我们收到时会感到其频率降低，波长变长，并出现光谱线红移的现象，即光谱线向长波方向移动的现象。反之，向着我们迎面而来的光源，光谱线会向短波方向移动，出现紫移现象。这种现象与声音的多普勒效应相似。许多人都有过这样的感受：

迎面而来的火车其鸣叫声特别尖锐刺耳，远离我们而去的火车其鸣叫声则明显迟钝。这就是声波的多普勒效应，迎面而来的声源发出的声波，我们感到其频率升高，远离我们而去的声源发出的声波，我们则感到其频率降低。

如果认为星系的红移、紫移是多普勒效应，那么大多数星系都在远离我们只有个别星系向我们靠近。随之进行的研究发现，那些个别向我们靠近的紫移星系，都在我们自己的本星系团中(我们银河系在的星系团称本星系团)。本星系团中的星系，多数红移，少数紫移；而其他星系团中的星系就全是红移了。

1929 年，美国天文学哈勃总结了当时的一些观测数据，提出一条经验规律。河外星系(即我们银河系之外的其他银河系)的红移大小正比于它们离开我们银河系中心的距离。由于多普勒效应的红移量与光源的速度成正比，所以，上述定律又表述为：河外星系的退行速度与它们离我们的距离成正比：

$$V=HD$$

式中 V 是河外星系的退行速度，D 是它们到我们银河系中心的距离。这个定律称为哈勃定律，比例常数 H 称为哈勃常数。按照哈勃定律，所有的河外星系都在远离我们，而且，离我们越远的河外星系，逃离得越快。

哈勃定律反映的规律与宇宙膨胀理论正好相符。个别星系的紫移可以这样解释，本星系团内部各星系要围绕它们的共同重心转动，因此总会有少数星系在一定时间内向我们的银河系靠近。这种紫移现象与整体的宇宙膨胀无关。

哈勃定律大大支持了弗利德曼的宇宙模型。不过，如果查看一下当年哈勃得出定律时所用的数据图，人们会感到惊讶。在距离与红移量的关系图中，哈勃标出的点并不集中在一条直线附近，而是比较分散的。

哈勃怎么敢于断定这些点应该描绘成一条直线呢？一个可能的答案是，哈勃抓住了规律的本质，抛开了细节。另一个可能是，哈勃已经知道当时的宇宙膨胀理论，所以大胆认为自己的观测与该理论一致。以后的观测数据越来越精，数据图中的点也越来越集中在直线附近，哈勃定律终于被大量实验观测所确认。

宇宙到底是有限还是无限

现在，我们又回到前面的话题，宇宙到底有限还是无限？有边还是无边？对此，我们从广义相对论、大爆炸宇宙模型和天文观测的角度来探讨这一问题。

满足宇宙学原理(三维空间均匀各向同性)的宇宙，肯定是无边的。但是否有限，却要分三种情况来讨论。

如果三维空间的曲率是正的，那么宇宙将是有限无边的。不过，它不同于爱因斯坦的有限无边的静态宇宙，这个宇宙是动态的，将随时间变化，不断地脉动，不可能静止。这个宇宙从空间体积无限小的奇点开始爆炸、膨胀。此奇点的物质密度无限大。温度无限高，空间曲率无限大，四维时空曲率也无限大。在膨胀过程中宇宙的温度逐渐降低，物质密度、空间曲率和时空曲率都逐渐减小。体积膨胀到一个最大值后，将转为收缩。在收缩过程中，温度重新升高，物质密度、空间曲率和时空曲率逐渐增大，最后到达一个新奇点。许多人认为，这个宇宙在到达新奇点之后将重新开始膨胀。显然，这个宇宙的体积是有限的，这是一个脉动的、有限无边的宇宙。

如果三维空间的曲率为零，也就是说，三维空间是平直的（宇宙中有物质存在，四维时空是弯曲的），那么这个宇宙一开始就具有无限大的三维体积，这个初始的无限大三维体积是奇异的(即"无穷大"的奇点)。

大爆炸就从这个"无穷大"奇点开始,爆炸不是发生在初始三维空间中的某一点,而是发生在初始三维空间的每一点。即大爆炸发生在整个"无穷大"奇点上。这个"无穷大"奇点,温度无限高、密度无限大、时空曲率也无限大(三维空间曲率为零)。爆炸发生后,整个"奇点"开始膨胀,成为正常的非奇异时空,温度、密度和时空曲率都逐渐降低。这个过程将永远地进行下去。这是一种不大容易理解的图像:一个无穷大的体积在不断地膨胀。显然,这种宇宙是无限的,它是一个无限无边的宇宙。

三维空间曲率为负的情况与三维空间曲率为零的情况比较相似。宇宙一开始就有无穷大的三维体积,这个初始体积也是奇异的,即三维"无穷大"奇点。它的温度、密度无限高,三维、四维曲率都无限大。大爆炸发生在整个"奇点"上,爆炸后,无限大的三维体积将永远膨胀下去,温度、密度和曲率都将逐渐降下来:这也是一个无限的宇宙,确切地说是无限无边的宇宙。

那么,我们的宇宙到底属于上述三种情况的哪一种呢?我们宇宙的空间曲率到底为正,为负,还是为零呢?这个问题要由观测来决定。

广义相对论的研究表明,宇宙中的物质存在一个临界密度 pc,大约是每立方米三个核子(质子或中子)。如果我们宇宙中物质的密度 p 大于 pc,则三维空间曲率为正,宇宙是有限无边的;如果 p 小于 pc,则三维空间曲率为负,宇宙也是无限无边的。因此,观测宇宙中物质的平均密度,可以判定我们的宇宙究竟属于哪一种,究竟有限还是无限。

此外,还有另一个判据,那就是减速因子。河外星系的红移,反映的膨胀是减速膨胀,也就是说,河外星系远离我们的速度在不断减小。从减速的快慢,也可以判定宇宙的类型。如果减速因子 q 大于 1/2,三维空间曲率将是正的,宇宙膨胀到一定程度将收缩;如果 q 等于 1/2,三维空间曲率为零,宇宙将永远膨胀下去;如果 q 小于 1/2,三维空间曲率将是负的,宇宙也将永远膨胀下去。

下表列出了有关的情况：

宇宙中物质密度	红移的减速因子	三维空间曲率	宇宙类型	膨胀特点
$\rho > \rho c$	$q > 1/2$	正	有限无边	脉动
$\rho = \rho c$	$q = 1/2$	零	无限无边	永远膨胀
$\rho < \rho c$	$q < 1/2$	负	无限无边	永远膨胀

我们有了两个判据，可以决定我们的宇宙究竟属于哪一种了。观测结果表明，$p < pc$，我们宇宙的空间曲率为负，是无限天边的宇宙，将永远膨胀下去！不幸的是，减速因子观测给出了相反的结果，$q > 1/2$，这表明我们宇宙的空间曲率为正，宇宙是有限无边的，脉动的，膨胀到一定程度会收缩回来。哪一种结论正确呢？有些人倾向于认为减速因子的观测更可靠，推测宇宙中可能有某些暗物质被忽略了，如果找到这些暗物质，就会发现 p 实际上是大于 pc 的。另一些人则持相反的看法。还有一些人认为，两种观测方式虽然结论相反，但得到的空间曲率都与零相差不大，可能宇宙的空间曲率就是零。然而，要统一大家的认识，还需要进一步的实验观测和理论推敲。今天，我们仍然肯定不了宇宙究竟有限还是无限，只能肯定宇宙无边，而且现在正在膨胀！此外，还知道膨胀大约开始于 100~200 亿年以前，这就是说，我们的宇宙大约起源于 100~200 亿年之前。

宇宙巨壁与巨洞

20 世纪 70 年代以前，人们普遍认为大尺度宇宙物质分布是均匀的，星系团均匀地散布在宇宙空间。然而，近年来天文研究的进步改变了人们的认识。人们发现，宇宙在大尺度范围内也是有结构的。

20 世纪 50 年代，沃库勒首先提出包括我们银河系所属的本星系群在内的本超星系团。近年来,已先后发现十几个超星系团。星系团像一些珠子,被一些孤立的星系串在一起,形成超星系团。最大的超星系团的长度超过 10 亿光年。1978 年,在发现 A1367 超星系团的同时发现了一个巨洞,其中几乎没有星系。不久,又在牧夫座发现一个直径达 2.5 亿光年的巨洞,巨洞里有一些暗的矮星系。巨洞和超星系团的存在表明,宇宙的结构好像肥皂泡沫那样由许多巨洞组成。星系、星系团和超星系团位于"泡沫巨洞"的"壁"上,把巨洞隔离开来。1986 年,美国天文学家的研究结果表明, 这些星系似乎拥挤在一条杂乱相连的不规则的环形周界上,像是附着在巨大的泡沫壁上,周界的跨度约 50 兆秒差距。后来他们的研究又得到进一步的发展。他们指出:宇宙存在着尺度约达 50 兆秒差距的低密度的宇宙巨洞,及高密度的星系巨壁,在他们所研究的天区存在一个星系巨壁,巨壁长为 170 兆秒差距,高为 60 兆秒差距,宽度仅为 5 兆秒差距。

星系巨壁(也称宇宙长城或宇宙巨壁)和宇宙巨洞是怎样产生的呢?人们认为应从宇宙早期去找原因,在宇宙诞生后不长时期内,虽然宇宙是均匀的,但各种尺度的密度起伏仍然是存在的,有的起伏被抑制了,有的起伏得到发现,被引力放大成现在所观测到的大尺度结构。

暗物质之谜

不少天文学家认为宇宙中有 90%以上的物质是以暗物质的形式隐蔽着的。有些什么事实和现象表示宇宙中存在暗物质呢?

早在 20 世纪 30 年代荷兰天文学家奥尔特就注意到,为了说明恒星来回穿越银道面的运动,银河系圆盘中必须有占银河系总质量的一半的暗物质存在。20 世纪 70 年代,一些天文学家的研究证明星系的质量主要并不集中在星系的核心,而是均匀地分布在整个星系中。这就暗示人们,在星系晕中一定存在着大量看不见的暗物质。这些暗物质是些什么呢?

科学家们认为,暗物质中有少量是所谓的重子物质,如极暗的褐矮星,质量为木星 30~80 倍的大行星,恒星残骸,小黑洞,星系际物质等。它们与可见物质一样,虽也是由质子、中子和电子等组成的物质,但很难用一般光学望远镜观测到它们。相对而言,绝大部分暗物质是非重子物质,它们都是些具有特异性能的、质量很小的基本粒子,如中微子、轴子及探讨中的引力微子、希格斯微子、光微子等。

怎样才能探测到这些暗物质呢?科学家做了许多努力。对于重子暗物质,他们重点探测存在于星系晕中的暗天体,它们被叫做大质量致密晕天体。1993 年,由美澳等国天文学家组成的三个天文研究小组开始了寻找致密晕天体的研究工作。到 1996 年,他们报告说,已找到 7 个这样的天体。它们的质量从 1/10 太阳质量到 1 个太阳质量不等。有的天文学家认为这些天体可能是白矮星、红矮星、褐矮星、木星大小的天体、中子星以及小黑洞, 也有人认为银河系中 50% 的暗物质可能是核燃料耗尽的死星。

关于非重子物质,现在尚未观测到这些幽灵般的粒子存在的证据。

近年来对中微子质量的测量取得了一些新结果。1994 年美国物理学家怀特领导的物理学小组测量出中微子质量在 0.5~5 电子伏 (1 电子伏等于 1.7827×10^{-36} 千克)之间。在每一立方米的空间中约有 360 亿个中微子。如果是这样的话,那么宇宙中全部中微子的总质量要比所有已知星系质量的总和还要大。

到目前为止,宇宙中暗物质的问题仍是未解之谜。

宇宙的年龄

说到年龄,不同对象使用不同的尺度。一般说到人的岁数用年,说到地质年代用百万年,说到天体年龄则用亿年。那么,宇宙的年龄有多大呢?

古人对此也有兴趣。西方基督教有上帝创业的说法。中国古代有盘古开天辟地之说,其中提到了盘古的岁数和他开天辟地所花的时间。当然这都是一些神话传说。

对于宇宙年龄的测量和估算一直都是科学家们所关注的问题,但由于没有一种方法是绝对准确的,因而测量宇宙年龄通常采用多种方法。

用同位素年代法测量地球、月球和太阳年龄是一种好方法。经测定,地球年龄为40~50亿年,月球年龄为46亿年,太阳年龄为50~60亿年。用此法测定宇宙年龄,天文学家布查测定结果为120亿年。

球状星团测定法是根据恒星演化理论来测算恒星年龄的一种方法,利用该法求得的宇宙年龄为180亿年。人们对恒星进行观测发现:最老的恒星年龄约200亿年,因此,180亿年的年龄是不够的。

哈勃常数测定法是基于宇宙膨胀的观测事实确立的。在一个不断膨胀的宇宙中,测定膨胀速度可通过红移量的测量来获得。测出邻近星系与地球的距离,再由此标定红移与距离的关系,就可求得宇宙的年龄。由此可知,关键是测出邻近星系与地球之间的距离。测量地球与邻近星系距离的方法有二,每种方法测得的结果也各有二,但最终求得的宇宙年龄都在 100 亿年到 200 亿年之间。

近年来,有人又采用一种与哈勃常数无关的方法,它测得的宇宙年龄为 240 亿年。最近,德国波恩大学天体物理研究所的一个小组又提出,宇宙年龄为 340 亿年。

总而言之,测定宇宙年龄的工作仍在继续着。

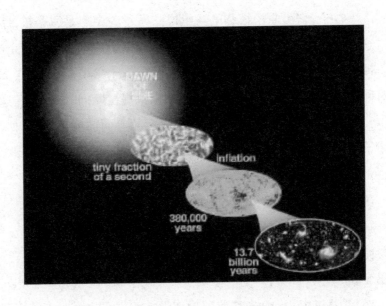

宇宙反物质

要想弄明白宇宙中有没有反物质，首先要弄明白什么是反物质。

反物质是和物质相对立的一个概念。众所周知，原子是构成化学元素的最小粒子，它由原子核和电子组成。原子的中心是原子核，原子核由质子和中子组成，电子围绕原子核旋转。原子核里的质子带正电荷，电子带负电荷。从它们的质量看，质子是电子的 1840 倍，形成了强烈的不对称性。因此，20 世纪初有一些科学家就提出疑问，二者相差这么悬殊，会不会存在另外一种粒子，它们的电量相等而极性相反，比如，一个同质子质量相等的粒子，可带的是负电荷，另一个同电子质量相等的粒子，可带的是正电荷。

1928 年，英国青年物理学家狄拉克从理论上提出了带正电荷"电子"的可能性。这种粒子，除电荷同电子相反外，其他都一样。1932 年，美国物理学家安德逊经过实验，把狄拉克的预言变成了现实。他把一束 γ 射线变成了一对粒子，其中一个是电子，而另一个同电子质量相同的粒子，带的就是正电荷；1955 年美国物理学家西格雷等人在高能质子同步加速器中，用人工方法获得了反质子，它的质量同质子相等，却带负电荷。1978 年 8 月，欧洲一些物理学家又成功地分离并储存了 300 个反质子。1979 年，美国新墨西哥州立大学的科学家把一个有 60 层楼高的巨大氦气球，放到离地面 35 千米的高空，飞行了 8 个小时，捕获了 28 个质子。从此，人们知道了每种粒子都有相应的反粒子。

人们根据反粒子,自然联想到反原子的存在。一个质子和一个带负电荷的电子结构,便形成了原子。那么,一个反质子和一个带正电荷的"电子"结合,不就形成了一个反原子了吗?类推下去,岂不会形成一个反物质世界吗?于是有人认为,宇宙是自等量的物质和反物质构成的。

从理论上看,宇宙中应该存在二个反物质世界。可事实并不这么简单。经研究发现,粒子和反粒子一旦相遇,它们就会"同归于尽",从而转化成高能量的光子辐射。可这种光子辐射人们至今还没有发现。在我们地球上很难找到反物质,因为它一旦遇到无处不在的普通物质就会湮灭。

那么,宇宙中存在着反物质吗?存在着一个反物质世界吗?按照对称宇宙学的观点,它们是存在的。这一学派认为,我们所看到的全部河外星系(包括银河系在内),原本不过是个庞大而又稀薄的气体云,由等离子体构成。等离子体既包含粒子,又包含反粒子。当气体云在万有引力作用下开始收缩时,粒子和反粒子接触的机会就多了起来,便产生了湮灭效应,同时释放出巨大能量,收缩的气体云开始膨胀。这就是说,等离子体云的膨胀,是由正、反粒子的湮灭引起的。

按照这种说法推论,在宇宙中的某个地方,一定存在着反物质世界。如果反物质世界真的存在的话,那么,它只有不与物质会合才能存在。可物质和反物质怎样才能不会合呢?为什么宇宙中的反物质会这么少呢?这些都是待解之谜。

宇宙暗物质的秘密

茫茫宇宙，奥秘无穷无尽。夜晚，我们可以用肉眼观测到月亮和许多发光的星星，晴朗的天气还可以看到火星等行星。有时，流星和拖着长长尾巴的彗星也来拜访地球这个孤独的兄弟。

然而，1933 年的一天，瑞士天文学家茨维基惊奇地发现，室女星系团诸星系根据其运动求出的质量与根据其光度求出的质量相差很远，前者是后者的 10 倍，出现了质量短缺现象。于是科学家们便根据这种现象推测，宇宙中存在着大量的我们看不到的东西——暗物质。

那么，这些存在着的大量暗物质究竟是什么呢?英国一位天文学家研究认为，有三种可能。

首先是极暗弱的褐矮星。有人分析，在太阳附近就存在着相当数量的暗物质。美国天文学家巴柯就曾在太阳附近的天空中拍摄到质量不到太阳一半的心型褐矮星。根据此种星的数目推断，它们总共可能有银河系"失踪"质量的一半左右。许多科学家认为，这类似小恒星的"尸骸"，小恒星在不能发光后就演变成了这种类似褐矮星的暗物质。

其次是在很早以前，由超大恒星演化到死亡阶段形成的巨大质量的黑洞，黑洞的质量相当于太阳质量的 200 万倍。

最后是奇异电子。欧洲核子研究中心的物理学家霍夫曼博士推测，有四种属于暗物质的微子:光微子、希格斯微子、中微子和引力微子，而星系外围庞大的星系晕即由这些特殊粒子构成。

对于宇宙暗物质,也有人持否定态度。美国一些科学家用最新方法测定星系的质量, 发现求得的结果比采用星系运动学的方法求出的质量大得多,所以他们认为这些质量短缺是由星系群的膨胀引起的,所以没必要假设在星系团内存在着大量暗物质以提供额外的引力来保持力学平衡状态。

　　当然,由于人类探测宇宙的科技在不断地向前发展,暗物质之谜现在还不是下最后定论的时候。相信通过科学家的继续努力,这个谜底迟早会呈现在人们面前。

谁决定宇宙全貌

美国航天局的钱德拉 X 射线观测站发现了包含宇宙大部分物质的热气体和暗物质星系际网的一部分。热气体看上去像是由引力河刻画出的沟渠中的一片雾,自星系形成的时候起就一直未被发现。

四组科学家分别的研究结果都刊登在《天体物理学杂志》上,他们用钱德拉望远镜观测到了 30~500 万摄氏度范围内的星系际气体。单是这种气体成分所含的物质就比宇宙中所有星体所含物质都多。

麻省理工学院的克劳德·卡尼萨雷斯说:"我们根据创世大爆炸理论和对早期宇宙的观察认为,这种气体现在还存在,但它就像一架隐形飞机一样逃过了我们的眼睛。"

钱德拉望远镜观测到的热气体可以用来追踪更多的暗物质成分。这一发现最终将帮助天文学家确定暗物质在宇宙中的分布,并有可能了解它的起源。

紫外线望远镜已经探测到了热气体系温度较低的成分,但由于其总体温度过高,大部分还要靠极其敏感的 X 射线望远镜才能发现。

在宇宙最初几十亿年的时间里,这种物质的约 20% 在引力的作用下形成星群和星团。理论推测,大多数剩余的一般物质和暗物质组成了一张巨大的丝状网,将星群和星团连接起来,据推测,它是温度极高,因此光学、红外线和射电望远镜都无法观测到。

宇宙服

宇航员发现了据推算形成于宇宙形成后的 7.8 亿年的一个星系,该星系是迄今发现的最古老的星系。

该星系比先前的纪录保持者早形成 5000 万年,先前的纪录保持者是一个类星体,极其明亮、遥远,据信是由一个黑洞提供能量。

夏威夷大学研究员埃丝特·胡说:"如果把宇宙的年龄比作人的一生,我们向你展示的是一张婴儿照片。上一张星系照片反映的是一个刚刚度过四岁生日、蹒跚学步的小孩。而这一张照片上的孩子只有三岁半。"

科学家认为宇宙形成于 140~160 亿年前的大爆炸。在大爆炸后的 5 亿年间,宇宙不断地膨胀和冷却,灼热的等离子体重新结合为氢和氦。能表明宇宙处于这个发展阶段的迹象是宇宙微波的本底辐射,科学家曾使用它来描绘宇宙的大致形状。

接下来的"黑暗时代"开始于气体结合为第一批星系。这个时期大约延续了 5 亿年,在新形成的星系和由环绕气体提供能量的类星体发出射线后结束。在这个时期,最前的宇宙之光射了出来。

胡和她的研究小组使用巨大的凯克望远镜上的一个滤光器探测氢污染的射线。凯克望远镜比哈勃太空望远镜的主镜大三倍。他们还使用太空中已经存在的一个放大镜来提高凯克望远镜的观察能力。

所谓的引力现象是由地球和遥远星体之间的星团引起的。星团的重力大到足以截断光线,引起光线的变形,有时会将远处的光线放大。

　　胡的研究小组利用距离地球大约 600 万光年的埃布尔 (Abell)370 星团,放大来自星团后面据估计已存在了 155 亿年的一个星系的光。

失落的物质

冷暗物质对人们深刻理解宇宙的起源、演化和最终的命运都会有很大的帮助。

预言

就像起了疑心的信徒，一些天文学家正花费大量时间寻找宇宙中存在一只看不见的手并正在起作用的证据：1933 年，一位名叫弗里茨·茨维基的瑞士天文学家提出，可见世界是由某种巨大但不可见的超自然物质结合在一起的；没有这种物质，星系星团就会分崩离析，其周边物质会纷纷撒落到宇宙之中。这种说法虽然听起来荒唐，但是随着时间的推移，其可信度越来越大。天体物理学家现在知道，与构成行星和人类的普通物质相比，茨维基所说的这种失落的物质有着本质的区别，比如，这种物质与光不存在相互作用，它既不发光也不挡光。它与日常所见的物质也没有相互的作用，否则其存在自然会显而易见。我们只能通过它对星系的形状和运动施加的引力影响看出它的存在。

名字的含义

如今，科学家把这种失落的物质称为冷暗物质：“冷”是因为按照亚原子标准这种物质不活泼,"暗"是因为即使用最尖端的望远镜也探查不到它的存在,说其是"物质"是因为它要么是能量,要么是物质,既然它不是能量,所以只能是物质;对星系星团所做的最新研究以及最新的天体物理学理论都预言,这种物质占宇宙中所有物质的90%以上。专家们开始相信,弄清其性质有可能帮助解释星系的形成,统一自然界中的基本力,并且有可能确定宇宙的命运。正如最早的化石给生命的起源提供了暗示一样,在时间产生初期形成的原始冷暗粒子也许会透露宇宙起源的线索。

寻找

2000年2月在加利福尼亚召开了一次冷暗物质国际研讨会,在这次会议上有两个研究小组宣读了他们在捕获暗物质粒子方面所做的开拓性尝试。据认为,这些粒子是构成暗物质的主要成分。

根据理论,这些假定的"弱作用大质量粒子"(WIMP)有可能在它们与原子的罕见碰撞中探测到,此时原子核由于反作用会产生振荡并发光发热。

两个研究小组都利用了地下探测器寻找原子核反作用的证据。其中一个小组是在意大利的格兰·萨索国家实验所里开展研究的。这个小组为了辨认可能的WIMP碰撞而研究了在碘化钠晶体里观察到的反作用数量的季节性波动现象。与别的粒子流不同的是,到达地球的WIMP流会在冬季和夏季之间发生变化。当地球轨道与太阳系轨道相反时,即冬季时,地球通过WIMP云的速度会降低,这样碰撞的次数也会降低。

丽塔·贝尔纳贝伊和罗马大学的同事以及中国科学院的研究人员提出的证据表明,他们确实发现了反作用现象的季节性波动。他们说,他们4年来记录的反作用数在夏季达到高峰而在冬季则会稍微减少,并且这种波动符合其他几个鉴别WIMP现象的标准。

但是,从斯坦福大学的探测器获得的结果却对这个结论提出了疑问：由宇宙射线产生的普通亚原子粒子——中子——常常会制造"假象"，使人们以为探测到了暗物质粒子。斯坦福大学的探测器监视由中子产生的原子核反作用，以便把这些反作用从总数中除去。领导由 10 家研究机构参与低温学暗物质项目的卡布雷拉说："如果 WIMP 的撞击率如意大利的研究所示，那么我们总共应该观测到大约 20 次反作用现象。"但是他说，斯坦福的探测器只记录了 13 次反作用，并且所有这些都有可能是中子造成的。

秘密

虽然还要等到这两家实验室的研究结果被其他机构证实才能下最终的结论，但是宇宙学家对这些最初的、相互矛盾的结果仍然抱了很大的希望。

芝加哥大学的宇宙学家迈克尔·特纳说："重要的事情不是这两项实验相互矛盾，而是我们已跨越了一个门槛。我们现在拥有足够敏感的仪器用来探测 WIMP。"他说，这本身就是一项重大的成就。格兰·萨索实验所和斯坦福都准备进一步增强各自的探测能力。

如果他们果真探测到了一些难以捕捉的基本粒子，他们也许还会揭开时间和空间的秘密。目前天文学家正在努力描绘宇宙膨胀的形状和速度，特纳和很多同事都希望对黯黑物质的研究能够促进这项研究。如果暗物质果真是在宇宙诞生时产生的，那么它就能为科学家提供时间诞生时有哪些力存在这一线索。暗物质的性质和分布会有助于解释星系从相对平滑的初始物质中产生然后再变为成团的星系这一不寻常的现象。而暗物质的密度也许可用来解释宇宙是否在继续扩张，以及扩张的速度有多大。不管怎样，冷暗物质对人们深刻理解宇宙的起源、演化和最终的命运都会有很大的帮助。

宇宙"短缺质量"藏在星系团中

科学家发现宇宙中的一些短缺质量隐藏在星系团中。

天文学家发现了以前看不到的炽热气体的云团正在被吸入星系团中。

这些气体的质量比在星系中可观察到的恒星的质量要大得多,因此也许能够在宇宙的总质量中占有一定的比例。

几十年来,天文学家一直对宇宙的"短缺质量"感到迷惑不解。这个难题是,我们在宇宙中能够看到的质量只占宇宙总质量的10%。

宇宙的90%是不可见的,只能通过引力作用来探查。

一个天文学家小组利用美国航天局高度灵敏的"极紫外探测者"卫星发现了从星系之间的广阔空间中发出来的辐射。

他们认为,这种极紫外辐射来自于炽热的气体,这种气体正在被星系团从外部拉人星系团的核心。

这一现象以前还未见到过。亚拉巴马大学的理查德·辽博士说:"极紫外辐射表明星系团中存在一种确凿的组成成分。"

其中的一个天体——阿贝尔1795——似乎已有足够的热气体使整个星团在重力作用下坍缩。

辽博士推测,由于星系团是完整的,因此这些气体待在星团中的时间不会太长,所以气体肯定是从星系团之间的太空中吸入的。虽然新发现的这些气体云团的质量还不能补足花了很大力气寻找的"短缺质量",但是这一发现确实提供了一些新的线索。如果星系团的新成分得到确认,并且这种新的成分就是炽热的气体,那么还有什么东西会隐藏在星系团之间呢?

宇宙"华尔兹"

把它称作一曲宇宙华尔兹吧。哈勃太空望远镜已经发现两个相互环绕的星系,它们那螺旋状的"手臂"缠绕在一起。这两个星系之间的关系其结局注定是一次蔚为壮观的星系合并:导致恒星突然形成和促使一个巨大中心黑洞的增大。

包括布鲁斯·埃尔默格林在内的许多天文学家认为,星系就是这么发展形成的。大小差不多的星系的物质合并在一起,形成一个更大的天体。如果这些星系的大小不均等,那么较大的星系就会将较小的星系扯裂开来,并吞掉这些残骸碎片。

对于在位于纽约约克敦高地的国际商用机器公司(IBM)T.J.沃森研究中心工作的埃尔默格林博士来说,这是一次难得的、从第一幕开始观看这场戏剧的机会。

布鲁斯·埃尔默格林和德布拉·埃尔默格林领导着一个国际研究小组充分利用这一机会开展研究。德布拉·埃尔默格林在位于纽约波基普西的瓦萨尔学院工作。

哈勃太空望远镜传回的图像和来自新墨西哥州索科罗附近的极大阵列射电望远镜的。数据表明,IC2163号星系正在NGC2207号星系周围以逆时针方向旋转。它们距离地球1.14亿光年。在4000万年以前,这两个星系相互靠近到最近距离。

布鲁斯·埃尔默格林解释说,"作用在这些星系上的力是巨大的"。

这些图像表明,较大的星系——NGC2207号星系正在跳动。

这些力是潮汐力,就好像地球和月球相互推拉的潮汐力一样。地球和月球十分结实,不会被分裂开来。而星系就娇弱得多了。一个大型星系的潮汐力可以撕裂一个较小的星系伙伴。布鲁斯·埃尔默格林预计,从现在起数十亿年之后,正在跳华尔兹舞的星系将坍塌到一起。合并在一起的气体将会导致恒星的突然形成,呈螺旋形下落到中心部位的物质将会喂了黑洞这种如此密集以至于任何物体都难逃脱其引力的天体。

恒星在跳"宫廷舞"

天文学家说：看上去像螺旋星云小堂弟的一颗贝壳状恒星，实际上也许是跳着一种宫廷舞蹈的两颗恒星。

伯克利加州大学的科学家首次发现这颗恒星时就被它迷住了。这颗恒星是一年前在夏威夷用凯克望远镜在人马座方向找到的。这颗名为沃尔夫—拉耶 104 的恒星是一种炙热、质量大的明亮恒星，比我们的太阳要大得多而且亮得多。

伯克利空间科学实验室一个研究小组的成员威廉·丹基说，这颗恒星距地球 4800 光年——由于距离遥远，因此用普通望远镜是看不到的。

这个研究小组调整了凯克望远镜，使其能够对准天空中的这个非常小的点。丹基说："这是人类首次了解满是灰尘的沃尔夫—拉耶恒星的具体细节。"

这种特殊的恒星像烟囱一样冒烟，尽管其强烈的辐射应该会使灰尘燃烧掉。但是，灰尘像草地灌溉器喷出的水珠一样被甩出来，形成螺旋状的弧。

这些细微的灰尘颗粒是如何在强热中幸存下来的？这些天文学家在《自然》杂志上撰文说，他们认为是由于还存在另一颗恒星。

伯克利加州大学的彼得·塔特希尔说："当从伴星吹过来的恒星风遇到沃尔夫—拉耶恒星吹过来的风时，会形成一个冲击波阵面。正是在这个遮蔽着恒星直接照射的'茧'中，有可能形成大量灰尘。"

宇宙再现"牛郎织女"

澳大利亚科学家宣布,银河系的引力作用正在"拆散"与之比邻的两个较小星系。

在堪培拉召开的澳大利亚科学院的一次会议上,科学家报告说,通过拖拽离它最近的大麦哲伦云和小麦哲伦云的边缘,银河系正在把这两个星系撕开,并使大量的氢气呈河流状释放出来。

美国天文学会发表的一则声明对他们的报告内容作了介绍。大、小麦哲伦云是相对较小的星系,其体积不到银河系的 1/10。它们环绕在银河系的外层边缘。

这些科学家利用了一种新的多束探测设备,即政府所属的英联邦科学与工业研究中心研制的帕克斯射电望远镜。该探测仪通常用来搜寻以其他方式无法发现的遥远的隐秘星系。

利用该探测仪所拍摄到的银河系"暴行"的照片,澄清了 25 年前开始的关于"麦哲伦河"起源的争议。所谓的"麦哲伦河"是指从这两个小星系流出的氢气所形成的"河流",它最早发现于 1973 年。

一些科学家相信,这些氢气是在大、小麦哲伦云经过银河系的外围时被拉扯出来的,但是最新的天文照片似乎证实了另一种假设,即这些氢气是被银河系的引力从邻近的大、小麦哲伦云边缘中拖拽出来的。

从天文学角度来说,大、小麦哲伦云离地球相对较近,距离分别是 16 万和 19 万光年。

宇宙的黑洞

在宇宙空间中,有一个神秘的区域,不管什么物体只要进入这个区域便会消失得无影无踪,而且连光也休想从那里逃逸出来,它就像一个饥饿的无底洞,永远也填不饱,因此又有人把它叫做"星坟"。这究竟是一个什么样的所在?

早在1798年人们就对黑洞有了认识。法国著名数学家拉普拉斯认为,如果一个天体的密度或质量达到一定的限度,我们就会看不到它了,因为光没有能力逃离开它的表面,也就是说,光无法到达我们这里。不过,黑洞引起科学家们的普遍关注,还是在爱因斯坦的广义相对论公布之后。人们根据爱因斯坦的理论,就黑洞存在的条件及形成原因等问题进行了探索。直到1973年科学家们测到一束来自天鹅座的X射线后,才真正打开了人们探测黑洞的大门。经研究,这是一颗明亮的蓝色星体,同时,它还有一颗看不见的伴星,质量要比太阳大10~20倍。

几年之后,科学家们根据这些强射线找到了X射线的真正发射源,这是一颗伴星,其质量是太阳的5~8倍,但人们看不到它所在的位置。到目前为止,这是黑洞最理想的"候选人"。

关于黑洞的成因,人们的解释也不尽相同。有人认为,恒星在其晚年因核燃料被消耗完,便在自身引力下开始坍缩,如果坍缩星体的质量超过太阳的3倍,那么,其坍缩的产物就是黑洞;也有人认为,黑洞是在超新星爆发时一部分恒星坍毁变成的;还有人认为在宇宙大爆炸时,其异乎寻常的力量把一些物质挤压得非常紧密,形成了"原生黑洞"。

自始至今,虽然人们还没真正捕捉到黑洞,但人们对黑洞的存在却是确信无疑的。1999年6月,一些天文学家通过测量太阳系运行的轨道,获得了更多的证据证明银河系中心存在一个"超大"黑洞。他们利用射电望远镜阵列组成的精确的测量设备进行观察,发现太阳系以每秒217千米的速度围绕银河系中心旋转,运行一周需要2.26亿年时间。人们发现位于银河系中心被称为人马座A星的这个星体的质量至少是太阳质量的1000倍,而且很可能还要大得多。

恒星黑洞

据一位天文学家说,大自然也许以很精确的程度制造黑洞。这位天文学家发现了这些神秘的物体的一致性,所以他认为,黑洞的大小也许受某些物理基本法则的控制。

耶鲁大学天文学家查尔斯·贝林说,对这些已知恒星黑洞质量计算的结果表明,除了一个之外,其他所有黑洞都是太阳质量的7倍。

他说:"由于某种原因,大自然在以7个太阳的质量制造着黑洞,而你可能预料其大小会十分不同。正因为如此,这一结果才让人感到非常意外。"贝林在美国天文学学会全国会议上报告了他有关黑洞研究的结果。

耶鲁大学研究小组分析的所有这些黑洞,都是在恒星烧尽了它们的核燃料,然后爆炸成为超新星的时候形成的。

贝林说,这些超新星在爆炸时的质量比8个太阳还要大,但在爆炸产生的碎片清除之后,它们变成了太阳质量7倍的黑洞。

他说:"对这些黑洞来说,7个太阳的质量是某种幻数。一颗恒星在超新星爆炸中塌缩,看来有利于在黑洞中保留7个太阳质量的物质,并把这颗恒星的其余部分分散到太空中去。"

贝林和他的研究小组确定了所有已知的7个恒星黑洞的大小,只有一个黑洞是例外。这个黑洞的大小大约有14个太阳质量那么大。贝林说,黑洞的大小太一致了,不会是偶然形成的,对此他提出,可能有某

种自然法则导致"这个幻数"的产生。

恒星黑洞是由超新星的残余物组成的。奄奄一息的恒星塌缩成单独一个密度点。这个密度点形成了一个如此强大的引力场,使得任何东西、哪怕是光,都逃脱不了。由于它不发光,因此是看不见的,所以才有了黑洞这个名字。恒星黑洞比人们认为处在许多星系中心位置的那些特大质量黑洞要小得多。

每一个恒星黑洞都由一颗通常是太阳质量若干倍的伴星伴之作环绕轨道运行。这些恒星正在被黑洞一点儿一点儿地吞噬。由于这些力是如此巨大,致使伴星的正常球状变了形,从篮球状变成了更像橄榄球。黑洞的大小是通过测量轨道运行速度和伴星的质量确定的。贝林说,一旦这被确定下来了,数学计算方法将使得有可能找出黑洞质量。

贝林说,天文学家现在需要计算出,为什么大部分恒星黑洞看起来限于太阳质量的7倍。他说:"这些新的发现将使天文物理学家重新回到超新星模型上去查明原因何在。"

黑洞旅行理论

以色列科学家说，要想穿越黑洞前往遥远的星系是根本不可能的。

耶路撒冷希伯来大学科学家茨维·皮兰和沙克尔·霍德在《新科学家》杂志上发表文章说，他们设计了一种计算机程序，用于模拟由行星残骸形成的极其强大的引力场的行为。

他们说，黑洞并不能像某些天体物理学家认为的那样使飞船在瞬间跨越宇宙空间，其强大的力量会把飞船撕成碎片。

他们在《新科学家》杂志上发表文章说："模拟结果表明，由于受质量膨胀的影响，黑洞的形成产生一种新的奇点(空间—时间的弯曲在这个奇点达到无穷大，一切物质都被撕碎)。"

文章还说："当旅行者接近黑洞的时候，黑洞的质量增加到无穷大。最后，旅行者实际上将被撕成碎片。"

皮兰对《新科学家》周刊说，奇点占据了整个体系，没有留下任何空间可供物质通过。

由于人们对黑洞知之甚少，天体物理学家和天文学家对黑洞产生了极大的兴趣。科学家们20年来一直在搜集有关黑洞的信息。

黑洞的力量非常强大，它把靠近它的一切物质都吸进去。任何物质都无法逃脱它的吸引力，就连光也像水流进漏斗一样被黑洞吸进去。

加拿大安大略省古尔弗大学天体物理学家埃里克·普瓦松对《新科学家》杂志说，以色列科学家的研究"相当令人惊异。如果奇点真的像一道墙那样，那么任何物质都无法通过"。

能量源于黑洞

科学家报告说，宇宙诞生以来所释放能量中的一半可能是由黑洞提供的。黑洞是人类无法看到的天体，它们吞食物质，据认为隐藏在宇宙的中心。

多年以来，天文学家们猜测黑洞释放少量的能量，但绝不像恒星那样释放出惊人的能量。这项最新研究意味着，在宇宙"电网"中，黑洞所提供的能量可能不亚于恒星。

美国航天局戈达德航天中心的尼古拉斯·怀特说："直到现在，人们的观点是：在可以看到的宇宙中，所有的能量都是从恒星中心释放出来的。"

怀特在接受电话采访时说："这项新的研究表明，还有大量的能量被释放，只是被尘埃和气体遮蔽了。"

黑洞是太空中引力极强的区域，它们吞食所能捕获的任何物质，甚至光线也无法逃逸。很早以前，科学家就从理论上推测了黑洞的存在。近些年，黑洞成为广泛研究的课题。新的数据基本上消除了人们关于黑洞存在的怀疑。

黑洞吹"泡泡"

天文学家说,在一个庞大的星系中心,一个令人感到恐怖的黑洞甚至在吞噬一切它能够抓到的事物的同时,还在太空中吹出两个大泡泡。

在美国天文学会会议上曾出的一张图片中捕捉住了这个好像有点自相矛盾的现象。

黑洞的体积虽然很小,但是密度却极高,其强大的引力使得包括光在内的任何事物都无法逃脱被吞噬的命运。

全国射电天文学观测台的科学家说,这个特殊的黑洞位于室女座一个名为 M87 的庞大星系的中心,距离地球 50 万光年,天文学家是根据该星系发出的无线电波的照片推测出这一黑洞的。

科学家们在记者招待会上说,虽然黑洞本身并不可见,但其引力场所及的范围(天文学上称为事界)在照片上是个橙色光团,其宽度可能达到 1.6 亿公里。

中型黑洞

天文学家很久以前就知道黑洞有两种类型：大黑洞和小黑洞。现在，他们发现一个距地球约为 1000 万光年的中型黑洞。

钱德拉 X 射线观测卫星 2000 年早些时候在一个叫做 M82 的星系中发现了一个明亮的天体，这个天体看起来会周而复始地变暗然后再变亮。

美国航天局的天文学家说，根据这种古怪现象以及其他一些因素判断，唯一可能的解释是：这个天体是一个黑洞并且其大小以前从未见过。

哈佛一史密森氏天体物理中心的菲利普·卡雷特说："这确实是一种新型黑洞。"

黑洞在 20 年前只存在于理论预测之中。科学家认为，如果有足够的物质聚集在一个很小的点上，就会产生一个质量和引力大到任何物质——甚至包括光——都无法逃离的异常点。由于黑洞的引力很大，所以它会吞噬周围的气体、尘埃和其他恒星，并且导致奇异事件的产生。

自从黑洞理论提出之后，科学家已找到了两种类型的黑洞，即大型黑洞和小型黑洞。小型黑洞也称为恒星黑洞，它是由一颗恒星坍缩后形成的。其密度相当于把十几个太阳压缩到直径 32 公里的一个空间中。科学家认为，只有比太阳的质量大至少两倍的恒星在坍缩后才会形成恒星黑洞。

大型黑洞的质量也许相当于数千万亿个太阳的质量。科学家认为它们居于大多数星系的中心，但是大型黑洞是如何形成的仍然没有定论。

黑洞虽然不发光，但是其引力会把周围的气体和尘埃以接近光速吸入到黑洞中心，这样天文学家可以通过探测这种引力作用来观察黑洞。这种高速度会产生数百万摄氏度的高温并且喷射出大量 X 射线和其他辐射。

哈佛—史密森氏天体物理中心的天体物理学家安德烈娅·普雷斯维奇说，钱德拉卫星是在观测一个距 M82 星系中心 600 光年远的"极明亮"天体时发现这个新型黑洞的。

她说："这个天体比我们星系中的任何一个 X 源都要亮 100 倍。在 3 个月的时间内，其亮度增加了 6 倍。"

这个天体的 X 射线亮度还在小范围内波动，其强度每 600 秒就会经历一个上升和下降周期。卡雷特和普雷斯维奇说，这种亮度及其呈现的变化只可能有一个解释：一个中型黑洞。

作为时间隧道的黑洞

虽然一个太空人能在黑洞的视界附近经受一种形式的时间旅行，但终将是一个悲惨而毫无意义的探险。我们已看到：黑洞畸变了其附近的空间路径。按照爱因斯坦的格言，空间与时间是混杂的，因此，在这种物体附近，时间也是被弯曲了的。据此，一些研究工作者曾建立用黑洞作为时间机器。

确实，若一太空人在飞往黑洞以前在她的飞船上放一只大钟，则一个船外的观测者(例如，在飞船附近的空间站上)在太空人接近于坍缩星的周边时，将发觉该钟走得慢下来。旁观者也会感觉到她运动得越来越慢；从未感觉到她达到了黑洞视界的边缘。最后，她将被看上去在时间上冻结了——发愣了，像鹿被汽车前灯"照瞎"了双眼，一动不动了。

但从太空人看来，这些事件的发生完全是另一种情景。飞船之上的钟正常地走着。这样，无法阻止她很快地钻进黑洞深渊里去。她还可能察觉不到她穿越视界的时刻，但她将从那一点起被黑洞黏住。

假定，当她下降时，仍能观察到她上面的空间区域，看飞船外面的景色，倒霉的旅行者将看到所有的事物随时间而加速。未来的历史在她眼前一闪而过。但这种时间旅行是毫无意义的，她不能与宇宙的其余部分相互沟通；取而代之的是她本人及飞船的毁灭(除非她能及时掉转船头)。总之，虽然一个太空人能在黑洞的视界附近经受一种形式的时间旅行，但终将是一个悲惨而毫无意义的探险。

宇宙"白洞"

白洞的性格与黑洞截然相反，它允许内部的超高密度物质离开它的边界，进入广阔的太空，却不允许任何物质进入它的边界之内。有些人认为，宇宙是对称的，有此必有彼。当人们热衷于讨论"黑洞"的时候，又有人针锋相对地提出了"白洞"。

我们知道，黑洞是极端自私的，它就像一个贪得无厌的饕餮，张开大口，吞食着宇宙中的一切物质。只要进入它的"视界"之内，就休想再出来，其中包括光。那么，它把物质吞进去之后，又消化到哪里去了呢？因为物质是不灭的，"白洞"的观点便应运而生。

白洞的性格与黑洞截然相反，它允许内部的超高密度物质离开它的边界，进入广阔的太空，却不允许任何物质进入它的边界之内。换句话说，它向外界发出辐射，抛出最终能够构成气体和恒星的物质，即不肯吸收外界的物质来中饱私囊。正因为它具有这样的特性，人们就很自然地把 X 射线爆发、γ 射线爆发以及超新星爆发等现象联系起来。

白洞不断向空间喷射物质，那么谁是它的后勤供应呢？有人认为，白洞的源源不断的能源取自黑洞。

进入黑洞的物质并不是完全被它消化了，而是以"热辐射"的方式稳定地向外发射粒子，科学家们称为"自发蒸发"。英国物理学家霍金经研究发现，黑洞具有一定的温度，其数值与黑洞的质量成反比。自发蒸发使黑洞质量减少，使其温度升高，又反过来促使自发蒸发加剧。由于这样地正反促进,使黑洞的蒸发越演越烈,最后便以"反坍缩"的形式猛烈爆炸,形成了不断向外喷射物质的白洞。黑洞把宇宙中物质吞食了,白洞又把物质归还给宇宙,这是一个多么和谐的宇宙啊!

前苏联学者诺维柯夫把白洞的形成同宇宙大爆炸的理论联系起来,提出了"延迟核"理论。他认为,宇宙在大爆炸时的最初时刻,由于爆发的不均匀,有些超高密度物质并没有立刻膨胀,而是过了一段时间才发生爆炸,成为新的局部膨胀的核心,这就是白洞,有的核心则延迟了百亿年才发生爆发。

不过关于白洞,仍像黑洞一样,目前还没有证据证实它的存在。

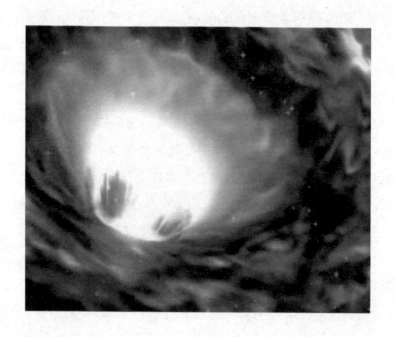

天　河

　　夏夜的晴空,银河高悬,像一条天上的河流,故此有"天河"、"河汉"之称。西方人称它为"牛奶路"。在中国境内,可以看到银河白天蝎座起,经人马座特别明亮的部分,达盾牌座而止。

　　银河那烟霭茫茫的景象引发诗人无穷的遐想,但是天文学家却一直难见其庐山真面目。17世纪,伽利略首先用望远镜观察银河。他发现,这是一个恒星密集的区域。后来英国人赖特提出了银河系的猜想,并具体描绘出了银河系的形状。他假定,银河系像个"透镜",连同太阳系在内的众星位于其中。

　　18世纪,英国天文学家赫歇尔父子对赖特的猜想进行了验证。他们发现银河系中心处恒星很多,而离中心越远恒星越少。他们的观测表明,银河系确是一个恒星体系,并且其范围是有限的,太阳靠近银河系中心。他们估计,银河系中有3亿颗恒星,其直径为8000光年,厚1500光年。

　　荷兰天文学家卡普亭的观测进一步证实了赫歇尔父子关于银河系形状的观测结果。1906年,他估计银河系直径23000光年、厚6000光年;1920年,他测算的银河系直径为55000光年,厚110000光年。这一结果比赫歇尔父子的测算结果大了400倍。

　　1915年,美国天文学家卡普利研究了许多球状星团的变星,发现太阳并不在银河系中心,而距那里约5万光年,并朝向人马座,银河系直径有30万光年。

　　20世纪80年代,人们测得的银河系数据是,质量相当于2000亿个太阳的质量,直径10万光年,厚2000光年,太阳距离银河系中心2.5万光年。

宇宙将如何终结

我们的太阳大约已存在了 46 亿年,作为恒星它大致还能活这么长时间。这只是一个普通的恒星,宇宙中有上十亿颗这样的恒星。这样的恒星不断地死亡,又不断地诞生。通过观察在宇宙早期诞生的类似恒星的残骸,我们可以相当准确地知道我们的太阳死亡时的情景。在大约 40 亿年间,我们的太阳将耗尽其中心的燃料氢。然后,它将开始收缩,并重新振作起来:其中的氦核将三个三个地聚合成碳-12,而这种新燃料将再燃烧 20 亿年。此时,当太阳继续存活时,地球已不再存在了。因为新燃料将使太阳变大 100 倍,将地球化为灰烬,被这个红色的巨星吸收。最终,当氦转化为碳-12 的过程结束后,我们的太阳将再次收缩,变成一个暗淡的白矮星。再过几十亿年,白矮星将逐渐冷却下来,并最终变成一个称为黑矮星的死星。

然而,其中还存在一个问题,一个被称为"太阳中微子失踪"的谜。鲍利于 1931 年假定存在中微子,是因为他需要用它来解释原子辐射产生电子时失去的那一小部分能量。根据能量守恒定律,原子辐射的能量和电子带走的能量应相等,所以他认为一定存在一种"幽灵粒子",它带走了失踪的那部分能量。中微子"偷走了"能量。人们用了 20 多年的时间才证实中微子的存在:中微子不带电,分三种类型,具有不同的质量。

太阳发射出大量的中微子,这是由太阳中心核聚变产生的。它们像像幽灵一样,是非常难以探测到的,但几个不同类型的实验都确认它们确实来自太阳,穿过地球以及我们的身体,然后进入太空。但是,它们的数目还不够。根据探测中微子的实验,1/3~1/2太阳产生的中微子失踪了。不知何故,这些"偷走"能量的粒子自己在太阳和地球间失踪了一部分。

这个问题已存在几十年了。由于所有的证据都支持太阳的能量来自其中的核聚变,故失踪中微子之谜最终将通过改进实验得到解决,而不会对现今流行的太阳模型提出挑战。然而,一些对宇宙怀有新观点的科学家强烈地反对演化理论,他们以失踪中微子作为论据,认为太阳能量并非来源于核聚变,因而太阳要年轻得多。年轻的太阳意味着年轻的地球,年轻得无需演化的概念。他们的论据被无数主流科学家大加批驳;许多的证据显示太阳确实已有46亿年了,且只过了其一生的一半时间,不管是否有失踪中微子这件事存在。

在太阳死亡之前,银河系将吃掉大麦哲伦星云,并将与仙女座发生猛烈撞击。大麦哲伦星云距我们只有15亿光年远,因引力作用而不断向银河系靠拢,在30亿年内被银河系吞噬,给银河系增加100万颗恒星,它们在7亿年后的银河系和仙女座碰撞中非常有用。空间是浩渺无边的,因而星系在碰撞过程中损失小得惊人。当然,一些恒星会相撞,这对于附近的行星而言非常可怕,但行星被撞的概率很小。

更大的问题是宇宙到底在膨胀还是在收缩。这是人们最近争论的焦点。毕竟,直到1925年哈勃发表了关于"宇宙岛"的文章后,我们才知道除了我们的银河系还有其他的星系存在。当爱因斯坦发展广义相对论时,即便是他也假设宇宙中只存在一个星系,并且是静止的。然而当他的公式表明(一个星系的)宇宙应当膨胀时,他引入了宇宙常数以使宇宙不膨胀。一旦哈勃证明存在许多相互远离的星系,这意味着宇宙在膨胀,爱因斯坦就抛弃了宇宙常数,悔恨没能首先相信自己。

不久,有关膨胀宇宙的新观点出现了。一些宇宙学家争辩道,宇宙可能现在正在膨胀,但最终它将停止膨胀,然后收缩下去。当人们在20世纪20年代后半期开始认真对待大爆炸理论,并于80年代普遍接受它时,许多科学家相信大爆炸产生的向外推动的能量最终将消失,宇宙膨胀将逐渐慢下来,停止,走向反面,所有的恒星和星系将向内收缩、挤压,宇宙收缩将再次使宇宙逐渐变得致密、炙热,最后变成包括宇宙中所有质量和能量的点。这又为另一次大爆炸做好了准备。这种观点的强有力支持者是美国物理学家惠勒,根据他的理论,这种过程循环往复,每次大爆炸产生的宇宙中的规律都完全不同,因为在量子层次上一个电子的轻微变动就是够改变万物的本性。

　　对于许多宇宙学家而言。这种循环模式具有很强的哲学上的吸引力,并且它的数学也很完美。在许多地方都曾流传着凤凰从自己的灰烬中再生的神话。在讨论宇宙终结的问题时,它又让惠勒的观点占有了很大的心理吸引力。再生是一个诱人的想法,即使是在讨论宇宙的问题时。

　　另一种观点认为,宇宙的这种循环演化看上去很好,但与我们的观察不一致,并且宇宙的终结将是个意义不大的命题。这种观点认为,宇宙将永远膨胀下去。宇宙最终将膨胀成完全真空,这使常人很困惑,但对于宇宙学家却很清楚。当星系彼此之间越来越远时,产生新星系的碰撞将不会发生。星系间的寒冷的真空将越来越大,星系中的恒星将逐渐燃尽燃料,正像太阳一样。比我们的太阳大1.4倍的恒星将经历一个更剧烈而长期的死亡过程,但它们也将用光它们所有的能量。

　　在1万亿年后在黑暗的宇宙中只存在死星和黑洞。即便这样,由于没完没了的引力作用,在大爆炸之后几百亿亿年后,宇宙将再一次进行焰火表演。这将持续约10亿年,还不到目前地球年龄的1/4,然后经历一段难以想像的时间后。宇宙将彻底地黑暗、寒冷下去,连幸存的黑洞都消失了。这个过程将持续多久呢?正如 Thuan 所指出的:"为了写下这个数字,我将不得不在 1 后面跟上足够多的 0,这些 0 的数目将与我们已观测到的宇宙中数千亿个星系的氢原子数相当。"最后剩下的将是辐射和忽隐忽现的虚量子粒子。

2000 年新发现的证据表明,宇宙膨胀的速度比以前想的要快,这可能缩小了我们这里所讲到的时间范围。并且,所有的可能性都能改变以上观点。正如我们在本书中所看到的,对于宇宙年龄这个问题,人们可以进行各方面的质疑,甚至连测量技术都正被质疑。量子物理学正向我们揭示的仅仅是亚原子世界的奇怪现象。一个电子可同时处于两个地方,并且看上去电子能与远处的电子进行通信,通知另一个电子当观察者出现后如何反应。当新千年开始时,人们对 20 世纪科学的成就大加赞赏。在这 100 年中,人类已对宇宙和其组成部分了解了许多,大的小的,从星系到基因,比以往任何时代了解得都多。在庆祝的同时,我们也应记住我们还有许多问题没有弄清楚。

大爆炸理论只是一个理论,其中的大部分是不可检测的。

我们关于地球上生命如何起源的想法非常模糊。

我们相信我们最终知道了是什么导致了恐龙的灭绝,但在其发生灭绝的时间内又发生了什么呢?

我们已较好地了解了地球的内部,但我们仍不能以一种有效的方式来预测地震。

影响冰川期的一些因素已被了解,但它们之间的关系还不清楚。

关于恐龙是温血动物还是冷血动物的争论越来越热,而不是越来越冷。

关于人类演化的记录中仍存在着许多的空白。

人类突然跃向文明仍是一个很大的难题。

我们还未知道我们如何获得语言的。

一些科学家猜想海豚具有与我们差不多的智力并能教我们许多，这只有在我们能够与它们进行交流的基础上才可能。鸟类迁徙对我们来说仍是一件奇妙的事，也许是令人满意的那种。

玛雅人在天文学和历法上的神秘成就表明知识进步的程度依赖于它被看成什么。

科学家还未能将引力与其他三种基本力统一起来。

光看上去有时是波，有时是粒子，其中的分界线仍是理论上的。

量子物理学为一只既活又死的猫所困扰。

现在可以肯定存在黑洞，但我们并不确切知道其内部发生着什么。

宇宙的年龄还悬而未决。

已经假定存在这么多的维度使 20 世纪初第四维的出现显得有点奇怪。

还有，我们想知道宇宙是如何终结的。考虑这么多科学未决之谜是不是有点过虑了？但这是我们活着的一种乐趣。我们想知道所有事物，并且坚持去寻找事物的答案。

星系的分布

20世纪20年代,人类的宇宙概念有了一次巨大的突破,原来以为浩瀚的银河连同满天星斗组成的银河系就是宇宙,但是,旋涡星云距离的研究表明,银河系只是宇宙海洋中的一个小岛,类似的星系何止成千上万,人们心目中的宇宙扩大了。

那么,这许多星系在宇宙中是如何分布的呢?有什么特征呢?

首先,让我们把目光投向最近的邻居。天文学家把看起来比较大的星系,或者其中恒星比较容易分辨的星系,看作近邻,并把近邻星系组成的星系系统称为本星系群。

麦哲伦在南半球航海时发现的大、小麦哲伦云就是两个近邻星系,但由于不同星系的亮暗相差悬殊,有些近而暗的邻居发现得很晚。1937年,沙普利首先发现本星系群中的一个"矮子"——玉夫座星系,它的距离只有麦哲伦云的三分之一。第二年找到了另一个"矮子"——天炉座星系,20世纪50年代起又先后发现狮子座Ⅰ、狮子座Ⅱ、大熊座、天龙座等矮星系。1977年才发现的船底座星系非常暗弱,如果把它移到猎户座成四边形的几颗恒星旁边,它连这些恒星的亮度也比不上,这是目前所知的最暗的一个星系。大小麦哲伦云,连同这些更小的矮星系,都围绕在比它们亮得多的银河系的近旁。

在本星系群中能与银河系媲美的另一个明亮星系是仙女座大星云,它比上述矮星系和麦哲伦云都远得多,它本身也被一些较暗的星系包围。与银河系周围的大小麦哲伦云相当，仙女座大星云也有两个较大的近邻：M32 和 NG205，稍远还有 NGCl47、NGCl85、M33 等更暗一些的星系。在银河系周围有许多矮星系的启发下，1972 年范登堡在仙女座大星云附近也发现了仙女座 I、仙女座 II、仙女座 III 等矮星系。这些矮星系连同上达 M32、M33 等簇拥着巨大的仙女座大星云，组成了另一小群。

本星系群就是由分别以银河系和仙女座大星云为中心的两个小群所组成的，共包括约三四十个星系，半径约百万秒差距。仙女座大星云和银河系有很多类似之处：都是漩涡星系，质量和光度巨大，有矮星系包围。它们在彼此引力的吸引下围绕着一个共同的中心旋转，形成一个巨大的星系对，这种星系成对的现象在宇宙中并不罕见，有趣的是，银河系和仙女座大星云的自转方向刚好相反，一个顺时针，一个逆时针，看来不像是两个毫不相关的星系的偶然相遇，有人推测，它们或许是在大致相同的时间，由同一原始气体云内的两个相邻的漩涡发展演化而成的。

与本星系群类似的星系群在宇宙中比比皆是，它们的共同特点是结构比例不规则，主要由漩涡星系和不规则星系构成，很少出现巨大的椭圆星系或透镜星系。

与星系群大小相仿的另一种星系的集合叫做小星系团，它们与星系群不同的是，团中有一个密集的核心，多数情况下没有漩涡星系，主要由椭圆星系和透镜星系组成。

在比本星系群大 10 倍的空间范围内，除了在银河平面附近堆以看到河外星系外，已对所有星系群或小星系团都做了仔细的观测研究，共找到约 55 个星系集团，结果表明，只有 10%~ 20%的星系是单独出现的，多数星系分别归属各星系群或小星系团，结果还表明，星系群的大小并不相同，有大有小，有的群与群还会靠近而形成更大一些的结构。

在室女星座的北部，与后发星座毗连，有许多星系，在这一小块天区内,仅明亮的星系就有 200 多个,被称为星云之地。这就是离我们最近的比星系群或小星团大得多的一个星系团——室女座星系团,它是由 3000 个以上星系组成的,其中约 78%为漩涡星系,少数是不规则星系,椭圆星系占星系总数 19%。有趣的是,椭圆星系数量虽小,但最亮的四个星系都是椭圆星系,其中包括著名的活动星系 M87,室女星系团结构松散,看不出密度很大的明显中心,称为不规则星系团,类似的还有武仙座星系团。

在天空方位上离室女座星系团不远,但却比室女座星系团远 7 倍的是后发座星系团, 它是由成千个巨大的星系和一万个以上的矮星系组成的,估计团中 85%以上是椭圆星系和透镜星系,团中心有两个非常明亮非常巨大的星系,通常称为超巨椭圆星系。围绕着它们,有一个明显的星系密度较高的中心区域,以此为中心,大量星系对称地规则地分布在四周,后发星系团的这些特征是许多巨大的星系团所共有的,通常称为规则星系团 (与称为不规则星系团的室女座星系团不同)。这类规则星系团虽然很壮观,但实际上只比星系群大三倍左右。

星系是怎样分类的

星系的分类方法主要有以下两种波段分类，将星系划分为正常星系和活动星系；形态取名则可将星系划分为椭圆星系，漩涡星系及其他。

(1)按波段分类可划分为正常星系和活动星系

1923年哈勃用威尔逊山天文台的2.5米望远镜开拓了河外天文学的研究，60多年来，对河外星系的研究取得了极大的进展，在宇宙中已经发现了数亿个星系。目前，用大望远镜看到的最远星系，估计离我们达300亿~500亿秒差距之遥；对于许多星系，人们还用射电望远镜空间卫星等进行多波段的观测，有许多令人惊讶的重大发现。

几千年来，人们一直靠肉眼观测天空；近几百年才用光学望远镜扩大视野，观测的波段限于可见光；射电望远镜，空间卫星的多波段观测只是近几十年的新进展。因此，长期以来人们习惯于恒星高悬天空的现象，很自然地把那些辐射主要来自其中各个恒星的星系称为正常星系。其余能在可见光外其他波段发出更强辐射的星系，则统统称之为活动星系。其实，每个正常星系都有不同规模的活动，也可能都经历过活动的阶段。所以，这种分类带有一定的任意性。

近百年来，对正常星系研究的结果表明，虽然星系非常庞大，又有着恒星、星际气体和尘埃等多种组成成分，但它们的结构和形状却有着惊人的单纯性。如果忽略细微的差别，绝大多数星系都可以简单地归为椭圆星系和漩涡星系两大类。不能归入这两大类的星系即所谓不规则星系不超过星系总数的 3%。

(2)以貌取名可划分为椭圆星系、漩涡星系及其他

星系形态的研究始于 20 世纪 20 年代,所谓星系形态,就是通过肉眼或照片观测到的星系整体的几何形状。哈勃最早对星系做了大量观测,并于 1926 年提出了第一个按形态划分的星系分类系统。随后几十年中,虽然有人提出过其他分类方法,类型更多更细致,但哈勃的基本思想至今仍然是星系分类的基础。

哈勃提出的第一类星系是椭圆星系(E)。它们看起来都很相似,显不出任何结构,在天球上呈圆形或椭圆形。早期分类中,进一步按观测所见的椭圆星系的扁度,即长短轴之比而分为次型。但是看到的扁度并不代表椭圆真正的扁平程度,因为观测的结果与椭圆星系在天空中的方位,即与它的长短轴在天空的指向有关。更有物理意义的是把椭圆星系按照光度的大小记为矮椭星系(dE 或 E$^-$),一般椭圆星系(E)和巨椭圆星系(cE 或 E$^+$)。巨椭圆星系可能是最大的星系,矮椭星系往往很小甚至与球状星团的大小和质量相当,从椭圆星系中心往四周看去,相当缓慢地逐渐变暗。

第二大类是漩涡星系(S),银河系就是一个典型代表,它们因在照片上呈现出明显的旋臂结构而得名。其实从物质分布来看,臂与相邻臂之间的对比并不很悬殊,但旋臂上有许多明亮的年轻恒星,眼睛或照相底片对它们特别敏感,因而容易显现出来。旋臂开始于核球部分的称为正常漩涡星系(S),它的旋臂沿核球边缘的切线向外螺旋状伸展出去。另外一种情况是,旋臂开始于横跨核球的一个棒状结构且通常旋臂与棒垂直,这称为棒旋星系(SB)。还有的旋臂沿着核球外面一个环状结构的切线方向发出,在分类时注上,字母,以便与正常情况(注字母 S)相区别。但是,漩涡星系性质的研究表明,SA、SB 的区别,r、S 的变态,可能都是较

为次要的细节。星系内含的物理性质主要随漩涡星系所处阶段的不同而不同。至于星系所处阶段,则按 (1)核球与银盘的相对大小,(2)旋臂卷紧的程度,可区分为 Sa (或 SBa)型、5b(或 SBb)型和 Sc(或 SBc)型三类。Sa(或 SBa)型中心区大,旋臂紧卷;sb(或 SBb)型中心区较小。旋臂较大而舒展;Sc(或 SBt)型中心区为一小亮核,旋臂大而松弛。近年来又发现一些星系,它们与漩涡星系一样,也有扁平的银盘,但是不存在旋臂结构,人们称之为透镜星系,介于哈勃分类的椭圆星系和漩涡星系之间,记为 SO或 SBO。

漩涡星系的核球看起来很相似,其光强也是由中心向外逐渐变暗,银盘向外显著变暗,因此外边缘更为明显。

哈勃把不能划归椭圆星系或漩涡星系的少数星系称为不规则星系,它们不存在核球,也没有确定的旋臂系统。主要由圆盘状结构组成,但其表面亮度较低,而且在亮度分布上有很多不规则结构。

下面将会看到,虽然上述分类主要根据星系形态,但星系的一些重要物理性质,往往与形态有关。一般,三上述分类记为:

E—Sa—Sb—Sc

E-SO<

SBa——SBb——SBc

并把这一从左到右(也叫从"早"到"晚")的次序称为哈勃序列。

正常星系的性质是什么

　　证明银河系外存在着大量星系，观测星系的形态并按形态把星系分类，这是研究星系重要的，但又只是初步的结果，人们并没有到此为止，而是试图由表及里、由浅入深，逐步揭示星系的种种内在性质。既包括星系整体的运动，也包括星系内部的运动，如绕星系核心的旋转运动和弥散运动等等，星系的质量和质量分布，星系的大小(直径)和远近，星系的光度颜色和光谱，星系的组成及化学成分、金属丰度，星系的形成和演化，等等。

　　对于如此庞大，而又如此遥远的星系，我们既无法"身临其境"去测量、实验、分析，又只能面对"现在"的星系，那么，怎样才能了解它的性质，怎样知其过去和未来呢?或者，反过来问，在研究星系时，我们所能凭借和依靠的是什么呢?答案很简单，靠观测，靠人类已经掌握的知识和规律，别无其他。我们正是通过各种观测手段：光学望远镜，射电望远镜，空间卫星等等，获得有关遥远星系的可靠信息，然后通过分析、比较，也包括推测，逐步扩大我们的认识，无论观测的数据还是分析的结论，又都要经过不断的检验、修正，反复多次。总之，对星系(或者说对整个天体物理)的研究是伴随着观测手段的进步和多样化，伴随着有关学科的进展而不断深入的。浩瀚而神秘的宇宙，为我们提供了广阔的研究天地。

　　在具体的讨论星系各种性质之前，应该指出一个有趣的现象，即观测表明，星系的许多重要性质都与其形态类型有关，并按照哈勃序列的由"早"到"晚",呈现出规律性的变化,这不只是巧合,还暗示着某种内在的规律。

(1)按颜色确定长幼

所谓星系的颜色,是指星系各种不同波长的光辐射所占的比例。一般来说,星系的颜色,按照哈勃序列逐渐由"红"到"蓝"。"红"色的星系中,波长较长的辐射多,"蓝"色的星系中,波长短的辐射多。为了定量表示天体的颜色,天文学上用不同波长的滤光片分别测出天体在不同波长的星等,并以它们之差表示天体的颜色。通常采用的系统称为 U.B.V.系统。此系统用频宽约为 1.0×10^{-7} 米的滤光片,测定的有效波长分别处于紫外(U)、蓝色(B)和黄色(V)波段,即测定的波长逐渐加长。由三种颜色的测光可以得到两个独立的颜色指数 U—B 和 B—V。由于它们都是用较短波长的星等减去较长波长的星等,因此颜色指数越大表示短波辐射所占比例越少,也就是颜色更"红"些。反之 U—B,B—V 越小,天体的颜色就越"蓝"。目前,大约已经对 1500 个星系做了多色测光,把测得的每个星系的 U—B 或 B—V 值与星系的类型(即在哈勃序列中的位置)一起画在图上,就可以发现,随着哈勃序列的由"早"到"迟",U—B 值由+0.4 左右减小到–0.4,B—V 值由+0.9 减小到+0.4 左右,即星系的形态越迟,颜色越蓝。

(2)从光谱分析组成

在各种天体的辐射中,除了连续谱外,往往还有许多间断的不连续谱线(光谱线),有的是发射线,有的是吸收线。在恒星光谱中,谱线是由原子、离子和分子的分立能级之间的跃迁引起的。根据光谱线的波长、轮廓和位移(指谱线偏离正常频率),可以对天体的组成、运动情况及内部物理过程做出一些重要的推断。

与颜色相仿,星系整体的光谱型也随着哈勃序列系统而变化,星系的光谱线,主要包括两部分,所有的吸收线都来自星系中星的表面,发射线则来自星系中的气体云。光谱型是按照吸收线的特征决定的,对于星系来说,则取决于其中包含什么类型的恒星较多。星系光谱吸收线的研究表明,在哈勃序列中位置较后(即较迟)的星系中,明亮而年轻的恒星较多,而在哈勃序列中位置较前(即较早)的星系(椭圆星系)的光谱表明,其中年轻的大质量恒星很少。并非所有星系都有发射线,星系在哈勃序列中的位置越后,越容易观测到发射线。例如,Sc 型中有发射线的星系达 85%,而椭圆星系中有发射线的只有 18%。

怎样理解星系颜色和光谱型按哈勃序列的有规律变化呢?对于漩涡星系,这种有规律的变化比较容易解释。前已指出,银河系是一个典型的漩涡星系,我们现在已经对组成银河系的恒星有了充分的了解。其他漩涡星系和银河系一样,其中的恒星也是由星族Ⅰ和星族Ⅱ所组成的。按照哈勃序列中对漩涡星系的分类,"早"型即 SO/Sa 型漩涡星系的形态特征是,旋臂紧卷,比核球小很多,主要的光辐射来自核球,即来自星族Ⅱ部分,它以老年恒星为主,颜色偏"红",光谱型较"迟",年轻的蓝色星少。Sc 型漩涡星系的形态特征是,旋臂大,舒展松弛,中心核球小,即星族Ⅰ的年轻蓝色恒星所占比例加大,因而颜色偏"蓝",光谱型较"早"(称为 A 型光谱)。

星系光谱中的发射线主要是氢的巴耳末线系,中性氮和二价电离氮的谱线,以及一价和二价电离的Ⅱ,OⅢ谱线,这些谱线往往从银河系内的电离氢区发出,因此晚型星系可能有较大一部分质量是星际物质,而早型星系即椭圆星系中,所含气体很少。

椭圆星系之间的颜色的不同,不能单纯由恒星的组成来解释,所有椭圆星系中,气体和尘埃都比较少,恒星的年龄差别并不大,在这里,必须考虑恒星中重元素的丰度的变化,在讨论银河系的星族时曾经指出,贫金属的恒星的颜色比较蓝,这个现象对椭圆星系的研究有重要意义。

鲍姆 1959 年首先发现椭圆星系透镜星系的颜色和星系的光度有

关,光度大的巨椭星系颜色比较红。这种现象在漩涡星系中并不存在,以后不少观测者都证实了这一观测。斯平拉德在 1961 年即发现这种现象,多依奇在 1964 年进一步发现早型星系越亮其光谱吸收线越强。1973 年费伯对椭圆星系的光度效应作了充分而仔细的分析,发现星系颜色和一些吸收线特征(如 CN 吸收带和镁吸收带的强度)都与星系光度有很好的相关。至此,就从观测上证明了星系的总光度与组成恒星的金属丰度有直接关系,光度越大的星系,其金属丰度越高。按照大爆炸理论,所有重于氦的元素都只有在恒星演化当中产生,早期恒星所产生出的重元素,在恒星死亡时会返回到星际介质中去,因此,上述观测暗示,矮椭星系因自身引力较小,会失去以后产生出来的星际气体。

椭圆星系的颜色还有另一个有趣的特点,就是星系的中心区要比外围更红一些,同样,这也不能用漩涡星系中用来解释同一现象的星族来解释,因为所有的恒星都是老年矮星,只能用内外层恒星的金属丰度不同来解释,即早期恒星产生的含重元素较多的星际气体,会在星系内向中心沉降,使得在内层形成的恒星有较大的金属丰度。

椭圆星系会失去恒星演化中新生出的星际气体,这一事实对于星系形成和演化的理论是一个重要的启示。

(3)由 21 厘米谱线的移动了解运动状况

20 世纪 40 年代荷兰建造了专为探测 21 厘米谱线的射电望远镜,并从 1951 年起系统地观测了来自银河系的 21 厘米谱线,为观测研究各种天体提供了新的有力武器。

波长为 21 厘米的谱线是中性氢原子的特征谱线,通过它可以直接观测星系中的中性氢原子,根据 21 厘米谱线的强度分布,可以估计星系中中性氢原子的总数及其分布。观测表明,中性氢原子在星系中的相对含量也随着哈勃序列的由"早"到"晚"逐渐增大,椭圆星系中中性氢原子的含量少于 1%;漩涡星系随着由"早"到"晚"的哈勃序列,中性氢原子含量逐渐增加到约 10%;不规则星系中甚至可达到 25%之多。这个观测结果进一步证实,星系在哈勃序列中的位置越"晚",星际介质和尘埃及由它们产生的年轻的星族 I 恒星所占的比例越大。

根据多普勒效应,如果发射谱线的波源和观测者有相对运动,将会使观测者接收到的谱线的频率(或波长)发生变化。当波源向着观测者运动时,观测者接收到的谱线向紫端移动(即波长减少),反之,当波源背离观测者运动时,谱线红移(波长增大)。因此,根据观测到的 21 厘米谱线的波长,其中包括星系整体的红移及其中各源区的红移,就可以知道星系整体的视向速度(即在观测方向上的速度),以及其中各源区的视向速度的分布。并且还可由此了解星系各部分相对于星系中心的旋转速度,因为如果发现星系中有的部分向着观测者奔来,有的部分却背离而去,那就表明有旋转。

中性氢 21 厘米谱线的观测是目前测量漩涡星系旋转的最好方法,21世纪经过很多努力才逐渐搞清楚的银河系旋转图像,现在通过对河外星系的 21 厘米观测一目了然。为了便于观看,只要把 21 厘米谱线的位移用不同颜色表示,即可显示出星系的一侧向我奔来,另一侧背离而去。

确定了星系各部分的旋转速度,以及这些部分到星系中心的距离,并把旋转速度随距离的变化画成曲线(旋转曲线),就可以估算出星系的质量。这是目前估计星系质量的最可靠方法,为了说明怎样估计星系的质量,让我们以太阳系为例稍加解释。大家知道,德国天文学家开普勒总结出太阳系中行星运动的三大定律(开普勒三定律);行星绕太阳做椭圆轨道运动,太阳位于椭圆的一个焦点;行星的向径(即太阳到行星的连线)在相等时间内扫过的面积相等;行星围绕太阳公转周期的平方与椭圆轨道半长轴的立方成正比。实际上,只要中心天体的质量远远大于绕中心旋转的天体的质量,就可以根据牛顿三定律和万有引力定律证明开普勒三定律。通常把满足开普勒三定律的运动称为开普勒运动,它不仅限于太阳系。对于一个天体系统,只要观测表明是做开普勒运动,就可以利用开普勒的第三定律确定其中中心天体的质量。对于星系,如果能测出星系外围部分的转动,并确定它们也在做开普勒运动,那么就可以由此测出这些轨道之内的质量。早期测定星系的旋转曲线,只能限于光学可见半径的几分之一,其中的运动并非开普勒运动,因此只能推测光学半径的外侧或许会变为开普勒运动。采用 21 厘米的观测,已经可以达到光学可见半径的几倍,但是旋转速度还是不变小,仍然不是开普勒运动。这种意外的观测结果表明星系远远比光学可见区要大,而且总质量也比过去的估计要大得多,在可见区之外可能还有范围很大的不发光的物质晕。

当星系较远时,21 厘米观测无法分辨星系的不同部分,而是同时接受整个星系的辐射。这时,各部分视向速度的差别表现为谱线的频率范围加宽(一部分因紫移而频率升高,另一部分因红移而频率降低),根据这种加宽,可以估计星系的旋转速度。塔利和费希尔发现漩涡星系的总光度与由 21 厘米谱线轮廓推出的速度的四次方成正比,这个规律称为塔利—费希尔关系,是测量远处漩涡星系距离尺度的一个较好方法。

测量表明,漩涡星系的质量差别不太大,最大的比银河系质量只大几倍,最小的也接近银河系的百分之一,漩涡星系的大小的差别也不超过 10 倍,不规则星系一般质量较小,尺度也较小,最大的相当于太阳到银河系中心的范围。

椭圆星系的自转比较难测量,虽然人们一般认为它的椭圆形状是由于快速旋转而产生的,但是已有的测量表明它的旋转要比预期慢得多,可能其椭圆形状是由于组成它的诸恒星在三个方向上速度分布的不同造成的。椭圆星系的质量大小相差很悬殊(与漩涡星系不同),最小的椭圆星系还没有银河系中的球状星团大,而最大的椭圆星系可以比银河系大 100 倍。

有趣的"鼠尾"、"环"状星系

星系很少单独存在,往往成群成团,也有的组成星系对、三星系、四星系等(与恒星类似),1940年霍姆堡首先研究了多重星系出现的几率,大体上说,n个星系组成系统的几率为2^{-n}。

特别有趣的是观察两个很靠近的星系,一个最明显的例子是近邻的M51和NGC5195,M51是漩涡星系,星系盘几乎正面对着我们,旋臂结构清晰可见,是天空中最美丽的漩涡星系之一,它的近邻NGC5195,侧面对着我们,它的结构受M51的引力作用而畸变,一般归属为不规则星系。可以清楚地看出,M51靠近伴星系的旋臂,受伴星系的强烈扰动作用,显然偏离了正常位置,直奔伴星系而去。其实,NGC5195离我们更远一些,但它在几亿年前曾非常靠近M51,由此造成了两者形状的畸变。在靠近伴星系的M51的旋臂上有特别多的年轻恒星,它们很可能就是两星系靠近时引力对星际云作用的结果,计算机可以很好地模拟这两个星系碰撞的过程,结果发现成百万个恒星会在"碰撞"过程中从星系中拉出去,遗弃在星系际空间,假如太阳就是这种被遗弃在星系际空间的恒星之一,那么地球上看到的夜空就会逊色许多,天上几乎没有什么闪烁的星星,只能看到两个闪亮的星系,一边是巨大的车轮状的M51,另一边是像打破了的盘子似的NGC5195。

新近发生过星系相互作用的另一个例子是M81—M82星系对。M81与银河系差不多大小,离它几万秒差距处就是M82。M82可能是一个把侧面对着我们的漩涡星系,但外形十分奇特,许多亮的和暗的星云状物分布在远离星系盘面的地方,好像星系受到了很强的震动,因此它曾经作为爆发星系的典型例子。现在认为,M82本是一般的小漩涡星系,在两亿年前走近了比它重10倍以上的巨大星系M81,受到了极强的引力扰动,结果使得成百万颗恒星离开了自己原来的位置,同时很多星系际云因坍缩而形成大量年轻恒星,也有很多星际云或因受M81吸引或因众多超新星爆发的推动而离开星系盘,当它们在M82的引力作用下重返星系盘时,又会形成大量恒星。天文学家估计,可能在4000万年以前,曾有大量恒星形成,而在星系中心区域,现在还有大量恒星正在形成之中,如果确实如此,那么M81—M82星系对的情况表明,星系中发生的最壮观事件很可能与星系及其近邻星系的相互作用有关。

"鼠尾"星系NGC4038/4039和NGC2623的形状很奇怪。两个星系非常邻近,各自的另一侧都有很长的尾巴,尾巴是由恒星和星际物质组成的,在空间一直延伸到几个星系直径远的地方。

还有一种奇怪的"车轮"环状星系,看起来很像一个烟圈,它占据的空间和银河系一样大,类似的环状星系很多,附近都能找到一个伴星系。

除了尾、环状星系之外,相互作用星系还会出现各种各样有趣的结构。在恒星世界几乎有三分之一的恒星组成双星,但在星系世界显示出相互作用或距离很近的星系对的数目并不太多,科学家已经把这样的星系汇集成表。

怎样理解这些现象呢?其实,这些天体的奇形怪状是潮汐作用的结果。乍一听,似乎很难理解,因为由于月球和地球间的引力造成的潮汐无法在地球背对月球的一侧"长"出一个长长的尾巴来。但是,星系的尺度和质量绝不是地月系统所能比拟的,它们之间的引力强得多,结果也就大不相同。当然,真正理解这些现象还是在用大型计算机做了数值模拟之后，托姆尔汀关于互相靠近的两个盘状星系的数值模拟结果最为有趣。

如果两个星系一大一小相互接近，则小星系能从大星系的近侧曳出物质，形成把两个星系连接在一起的"桥"。如果两个质量近似相同的星系在高椭率的椭圆轨道上组成星系对，那么彼此足够接近的时间并不长，但就在接近的期间，两星系靠近一侧的数十亿颗恒星就会从它们原来的轨道上拖曳出来，从而使星系的质量减小。同时，在远离伴星系的另一侧，原来被星系引力曳住的恒星会因星系质量的减小造成的引力减弱，而被留在星系后面，结果就会逐渐形成长尾巴的星系。

另外一种情形是，如果一个大的星系和一个小的星系或者星系际气体云正面相撞，由于星系内恒星实际上分布得很稀疏，因此相撞的两个星系将会相互穿越而过。但是当两星系因相撞而靠近时，星系中心的恒星数目会因两星系的靠近而增加，中心恒星密度和引力的增加，将使星系外围的恒星向星系中心跑去。当这些外围恒星趋近星系中心时，却发现吸引它们前来的星系靠近的"精彩表演"已经结束。前来相会的另一个星系已经穿越而过，同时也把造成的额外引力带走了，所以这些跑向中心的恒星又会反弹回去，形成一个向外扩张的环。在这个混乱过程中造成的冲击波又会促使星际介质坍缩而形成许多新的恒星，它们使向外扩张的环更加明亮，这就是环状星系形成的过程。

星系碰撞与合并

　　星系近距离的相遇，除了会大大增加星系内部的能量同时消耗掉两个星系轨道运动的能量外，甚至会使两个星系合而为一。合并过程中引力场的剧烈变化会使恒星的分布达到一个新的平衡状态——与椭圆星系相当的状态。但原来星系盘中的大量气体和尘埃又会使新合并的星系与椭圆星系有所不同。

　　确实发现了很可能是刚合并而成的星系，茨威泽观测的 NGC7252 就是一例。它的中心部分很像椭圆星系，但深度曝光后在外围发现很多纤维状结构，整个星系像一只大蜘蛛，纤维状结构的光谱分析表明它们有向中心收拢的运动趋势，深度曝光还可见两条长长的尾巴，恒星的弥散速度大，星系中还有很多气体、尘埃和由它们产生的年轻恒星。星系的光度比很亮的漩涡星系还要大一倍左右。

　　托姆尔根据这些观测事实和数值模拟计算结果，分析了 NGC 星系表中的 4000 个星系，其中可以找到有尾或桥的相互作用星系约一打，尾或桥的寿命不超过星系寿命的百分之一。他估计在星系存在的长时间中，有过强相互作用或合并现象的星系约 400 个，如果合并后都变成椭圆星系，则 NGC 星系表中由合并形成的椭圆星系应占总数的 10%。目前，在全部星系中椭圆星系占 20%~30%，大部在富星系团中，由于富星系团中星系合并的机会更多，因此，是否可以认为几乎全部椭圆星系都是由合并形成的呢？

这个大胆而重要的设想引起了广泛的兴趣,进一步的研究表明,它可以解释许多重要的观测事实。

首先是椭圆星系和透镜星系大都集中在富星系团,漩涡星系则多在不规则星系团或小的星系群中,这个现象可以认为是星系合并假设的自然结果。

另一个可以解释的事实是富星系团中超巨椭圆星系的形成,超巨椭圆星系具有非常扩展的恒星外层,例如星系团 A2199 中心的超巨椭圆星系 NGC6166,视直径达 100 万光年,比通常的大椭圆星系或漩涡星系大 20 倍,测光观测发现,它由中心向外变暗的速度也比通常椭圆星系的所谓四分之一定律慢得多,统计发现,富星系团中最亮的早型星系的光度大致相同,而与星系团丰度无关。由于富星系团中星系的距离只比星系本身大 5 倍,所以在团中心星系碰撞以至合并的机会是很多的,每次碰撞的具体情况可能不同,但多次碰撞的结果应相差不多,经过奥斯特律克尔、里西斯通、斯必泽等的多年研究,多数人相信,超巨椭圆星系作为具有特殊而又大致相同性质的一类天体, 其原因就在于它们不断吞食小星系(R 即多次合并)。多次合并造成外层扩展,造成星系外层晕的丢失(这可能正是星系际物质的来源),可以解释上述观测事实。

星系合并对椭圆星系的动力学研究也具有非常重要的意义。

椭圆星系一般外形规则,多为扁椭圆,多年来一直认为扁椭球体是旋转造成的, 但是近年来发现的两个重要观测事实对这种简单的理论提出了严重的挑战。

首先是用光谱分析方法测定椭圆星系旋转速度的结果大大出人意料,1975 年,贝尔多拉等测定了 NGC4697 的旋转速度,发现远小于理论值。1983 年戴维等用 4 米望远镜观测一些低光度椭圆星系沿主轴的光谱,其中 11 个星系的旋转曲线和弥散速度一直测到有效半径之外的远方,结果发现愈亮的星系旋转反而愈慢。

另一个重要事实是发现了光轴扭曲的现象。观测技术的发展使我们可观测亮天体周围的暗结构。20 世纪 70 年代以来的观测陆续发现，椭圆星系内、外层椭圆的轴线不重合，即光轴扭曲，且视椭率沿轴线自内向外的变化也各有不同。1980 年贝纳乞俄等抛弃了传统的旋转椭圆概念，假设椭圆星系中恒星速度方向不同性(不同方向上的弥散速度不同)，即所谓三轴速度分布，因此当我们从不同角度去观察这个三轴椭球时，看到的现象应与观测角度有关，由此导出的星系光度在天球上的投影方程，可以轻易地说明光轴扭曲现象。在这前后，史瓦西又做了一个受到广泛赞扬的出色工作，他从理论上证明三轴分布系统是一个稳定的系统，从而使三轴分布的假设为人们普遍接受。

星系的合并很容易形成恒星的三轴分布，而在多次合并中各组成部分初始角动量的互相抵消又会使亮的星系的旋转变慢。因此，星系合并可以一举解释两个重大发现，这使它成为椭圆星系研究中的一个新的重要发展方向。

当然，星系合并并不能解释与椭圆星系有关的全部现象，例如椭圆星系性质的系统规律性就很难用各类星系的随机会合解释，另外，由于会合使轨道动能变为恒星随机动能，会合形成的星系的中心密度应较低，这和巨椭星系中心亮度高于漩涡星系的观测事实矛盾。此外，椭圆星系的质量、大小相差很多，矮椭圆星系的质量比漩涡星系小得多，不可能由后者会合而成，它们的形成应另当别论。

银河系结构

　　探索银河所观察到的确切事实,引起了人们的思索。大量恒星密集在银河带内的现象,使人们联想到恒星在空间的分布不是杂乱无章的。赖特、康德和朗伯特最先提出,很可能银河是由大量恒星集合而成的巨大系统,它在空间上有限并具有一定的结构。赖特在1750年提出了一个银河模型(当时叫做宇宙模型)。他指出,如果银河是一个薄的球壳,那么沿壳层切线方向就可以看到许多恒星构成的光带。如果地球位于银河球壳的中央,那么星云状的光带就会在地球的天空上形成一个完整的圆环。若沿着球壳的半径方向望去,将只能看见很少的恒星。因此,赖特认为银河的形状表明恒星分布是球形的,应该指出,赖特的球状银河模型缺乏说服力,他的看法主要来自宗教的观点,当时认为球形结构最完美,最符合上帝的心意。尽管如此,根据观测结果推测银河的形状,这是赖特的贡献。康德从小报上看到赖特模型的简单报道,有所误解,提出了一个新的银河模型,康德认为,银河与太阳系相似,所有恒星都像太阳系的行星一样,处在一个近似的平面之中(这个平面叫银道面),并以太阳为中心,绕太阳旋转。

　　在简单而初步观察的基础上,试图根据宗教或哲学的观点建立银河模型,显然是没有说服力的,但银河作为一个系统的观念却由此逐步确立了。

　　第一个通过观测来研究银河系的是威廉·赫歇耳。赫歇耳原是德国军队的军乐队员,移居英国巴兹市后,担任音乐教师,继续从事作曲和演奏,他在巴兹市指挥着英国最大的节日管弦乐团和合唱团。从 1773 年开始,他用自制的望远镜研究天文。

1782 年,他被任命为英王乔治三世的私人天文学家。为了研究银河系的结构,赫歇耳从天空中选出 638 个均匀分布的区域,用望远镜做了 1083 次观测,数出每一区域的恒星。恒星计数达到 117600 颗之多,他发现,越靠近银河,每单位面积内的恒星数目越多,在银河的方向上恒星数目最多,而在与银河平面垂直的方向上,恒星的数目最少,根据这些观测,赫歇耳由恒星计数得出银河系的形状是扁平状的圆盘,太阳在它的中心,但边界不规则,有许多突出部分,他于 1785 年首次根据观测绘制了银河形状图。1906 年,荷兰天文学家卡普坦沿用赫歇耳恒星计数的方法,得到了与赫歇耳类似的银河模型,也是一个扁平的系统,太阳居中,中心恒星密集,边缘稀疏。值得指出的是,由于卡普坦还测量了一些恒星的距离,从而估计出银河系的半径约为 4000 秒差距,尽管这个数字比现代的观测结果小得多,但已经可以看出,银河系是令人难以想像的巨大天体系统。

美国天文学家沙普牙利从另外的途径去探索银河系的大小和形状。1918 年,沙普利利用威尔逊山天文台 2.5 米望远镜研究当时已知的大约 100 个球状星团。他统计出其中三分之一在人马座内,90%以上位于以人马座为中心的半个天球上,这种情况引起了沙普利的深思,假定银河系内球状星团与恒星一样对称分布,且太阳在银河系中心,那么,在地球的天空上球状星团应该呈球对称分布,可是,这与他的观测结果由矛盾,是否有另一种可能性,即太阳并不位于银河系的中心,地球天空上的球状星团不是球对称分布,这正与他观测的结果一致,因此,沙普利大胆地把太阳从银河系中心移开,认为银河系中心是由各球状星团组成的天体系统的中心,它在人马座方向,距太阳约一万五千秒差距,利用周光关系,沙普利估计近的球状星团距太阳一万二千秒差距,武仙座球状星团(M13)为三万砂差距,与"卡普坦宇宙"相比,球状星团大都落在"卡普坦宇宙"的边界之外,沙普利进一步认为,球状星团组成的天体系统的范围就是银河系的范围。由此,他把银河系的大小扩展到九万秒差距,后来的研究表明,除了因为沙普利未曾考虑星际消光的影响,致使银河系估计过大以外,其他的结论都是正确的。

哥白尼的日心说推翻了地球位于宇宙中心的特殊地位,现在,沙普利又指出,太阳并不在银河系的中心,即太阳系也不具有特殊地位,这是沙普利不可磨灭的历史功勋。

从赖特提出银河系模型算起,对银河系结构的研究已有近 200 年的历史,近年来,由于射电天文学特别是各种射电谱线观测技术的发展,以及红外紫外天文学的发展等等,使得银河系结构的研究成为现代天文学中最活跃的领域之一。

从侧面看,银河系的多数物质(主要是恒星,也包括部分气体和尘埃)分布在一个薄薄的圆盘之内,形状如铁饼或透镜,称为银盘。银盘的中心平面叫银道面,银盘中心有一个隆起的椭球状部分,叫做银河系的核球,核球中心很小的致密区叫做银核,银盘外面是一个范围广大,近似球状分布的系统,叫做银晕,银晕中的物质密度比银盘中低很多,银晕外面还有银冕,也大致呈球形。

目前估计,太阳距银心约 9000 秒差距,银盘直径约二万五千秒差距,银晕直径约三万秒差距,银盘中间厚,外边薄,中间部分的厚度约 2000 秒差距,核球长轴约 5000 秒差距,厚约 4000 秒差距,结构比较复杂。

1983 年,红外天文卫星发送回来的银河系红外摄影照片。红外线的波长比可见光长,肉眼看不到,它能透过星际尘埃组成的浓密云层,看到银河中心区的深层,获得普通光学摄影无法得到的信息。

从银河系的侧面看,它像一个铁饼或透镜状的圆盘,在银河系内观看它,看到的是一个天空中的光环,如果从银河系的上面俯瞰,银河系更像水中的漩涡,显示出银盘上物质分布的旋臂结构,即从银河系核球向外伸出几条长"臂",它们是盘内气体、尘埃和年轻恒星集中的地方,也是一些气体尘埃凝聚形成年轻恒星的地方,这里有着较多的年轻明亮的 O、B 型恒星和大的电离氢区。

目前,银河系内已经发现的旋臂有:英仙臂,猎户臂、人马臂,还有距银心较近的所谓 3000 秒差距臂。太阳就在猎户臂的内侧。通常,旋臂内的物质密度比臂间约高出 10 倍。在旋臂内恒星约占一半质量,剩下的一半物质是气体和尘埃。旋臂的典型厚度只有 150 秒差距,由于旋臂中多有亮星,照片上的漩涡结构是非常明显的,因此银河系和有类似结构的星系都叫做漩涡星系。

大家知道,地球除了自转还绕太阳公转,太阳除了自转外还携带着八大行星(以及它们的卫星)以大约 250 千米/秒的速度绕着银心在半径为 3 万光年的圆轨道上运行。运转一周历时两亿年之久。实际上银河系中所有的恒星都像太阳那样,围绕着银河系的中心运转,这就是说银河系也有自转,银河系除了自转之外,作为一个整体还朝着麒麟座方向以 214 千米/秒的速度运动着,银河系在宇宙间的旋转很像一个车轮的运动,一方面它本身在旋转,同时又不断前进。

但银河系的自转和一般圆盘的旋转也不完全相同,圆盘旋转时,盘面各部分速度不同,越接近边缘越快。银河系的自转却不是这样,离银河系中心不同的地方旋转快慢不一样,在太阳内侧几百光年的地方,恒星绕银河系中心旋转的速度最大,由此向内或向外,恒星绕银河系中心旋转的速度都逐渐减小。

除了以上各种运动外,银河系的旋臂也在绕着银河系的中心旋转,为了解释漩涡结构的本质,说明它能够维持的原因,1964 年以来,林家翘等建立了系统的密度波动论，认为恒星绕中心旋转时，绕转的速度和空间密度都是波动变化的，由此成功地解释了很多现象。并且说明，旋臂内的各种运动是相当复杂的。

银河系有一二千亿颗恒星，其中相当大的一部分成群成团分布，此外还有大量弥漫物质即气体和尘埃，除聚成星际云高度集中于银道面附近外，广泛散布在星际空间之中，星际空间的弥散物质极为稀薄，密度约为 $10^{-20} \sim 10^{-25}$ 克/厘米^3。

河外星系之谜

　　真正肯定河外星系的存在,不过是 80 年前的事,但在这接近一个世纪的历程中,人们无论对星系本身的整体性质,还是星系核心的高能活动,以及由星系构成的更大尺度的宇宙结构,都有惊人的飞速发展,这些进展是长时间的观测、资料积累、分析研究的结果,并为之付出了大量的艰辛劳动。当然,也有偶然的发现,或许,与此同时,伴随着这些进展的,是更多的错误和迷失。人类迈向宇宙深处的道路是曲折的。

　　在人类探索宇宙的历史进程中,一些重大的发现往往来自起初不被人们注意的一些天体,河外星系的发现和研究也是如此。18 世纪初,人们已经发现天空上有十几个云雾状的光斑,但并未引起太多注意。当时,牛顿力学在天文学的应用获得了巨大的成功,特别是哈雷经过推算指出,1531 年、1607 年和 1682 年出现的彗星是同一颗彗星的三次出现,并预言这颗彗星将在 1758 年底或 1759 年初再度回归。果然,1759 年哈雷彗星又回来了,这是天文学史上的一个惊人成就,它激起了探测彗星的热潮。但是,天空上的云雾状光斑却成了早期观测彗星的障碍,为了避免混淆,需要把它们的位置记录在案。法国天文学家梅西耶在他的一生中有 30 多年一直搜寻彗星。正是他第一个把云雾状天体的位置记录了下了,并编制成表,这就是著名的流传后世的梅西耶星云星团表。当时,这只是搜寻彗星的副产品,但却包括了构成宇宙的基本单元——星系的最初信息,沿用至今。

由于观测手段和科技水平的限制，当时还无法回答这些云雾状天体是什么，它们具有什么性质等等问题，在很长一段时间内，它们成了猜测的对象。

　　康德是一个有丰富想像力的哲学家。他推测，既然有盘状的银河系，为什么在更远的地方就不能有其他类似的盘状物呢？如果有的话，在我们看来就会像一片片小的云雾，而且，云雾会因和我们倾斜的角度不同而呈现不同的形状，但大体上应该是椭圆形。就这样，在很粗浅的初步的观测事实的基础上，凭借想像力和哲学观念，康德首先断言，在银河系外还有类似的系统存在。

　　与康德不同，赫歇耳在用自己制造的望远镜缜密细致地观测银河系结构的同时，还对星空中的云雾状天体或星云做了观测。他通过望远镜发现，有些星云状的天体实际上是由许多恒星组成的星团。这个事实使赫歇耳相信星云可能都是遥远的恒星系统，只是需要用更大的望远镜，才能看到更遥远的星云中众多的恒星。1785 年赫歇耳断言，星云"可能是与银河系一样大甚至更大的恒星系统，在那些系统的恒星所具有的行星上居住的居民，也将和我们看到银河系在天空一样，看到类似的现象"。但是，在 1790 年，赫歇耳发现了一些行星状星云，它们围绕着一颗明亮的恒星。这些错综复杂的情况使赫歇耳感到迷惑。赫歇耳一生做了大量的观测研究，对天文学作出了卓越的贡献，但由于受当时研究水平的限制，直到死，他都未能解开星云之谜。

　　1845 年罗斯制成 72 英寸反射望远镜，发现某些星云具有漩涡结构，但也由于无法估计星云的距离，无从确定星云的性质。即无法鉴别星云是恒星系统，还是气体云。

　　从 20 世纪初，对星云的观测事实逐渐增多，根据这些事实，人们开始触及与星云有关的一些重大问题。首先，漩涡星云究竟离我们有多远，它在银河系之内还是在银河系之外。这牵涉到银河系之外(河外)是否存在着大量星系的问题,也就牵涉到当时在能观测到的范围内我们的"宇宙"应该扩展到多远的问题。要正确地回答这个问题,关键在于距离的测定,与此相关的是旋涡星云的组成,即它是由恒星和气体组成的,还是只包括气体,换句话说,旋涡星云是气体云还是与银河系类似的星系,如果是后者,就应该称之为"漩涡星系"。

由于对事实的选择有所偏爱,更由于对事实的真正含义不够理解,逐渐形成了两种对立的意见。1920年4月在美国华盛顿国家科学院的一次会议上,以沙普利为一方,柯蒂斯为另一方,展开了激烈的争辩,由于这次辩论在星系研究史上具有重要的地位,后来得名为"伟大的辩论"。当时的争辩集中在以下三个方面:①漩涡星云究竟有多远?②旋涡星云是否由恒星和气体组成?③为什么旋涡星云都避开银道面?

第一,旋涡星云究竟有多远?沙普利和柯蒂斯两人都很清楚,解决争论的关键是估计旋涡星云的距离。

1917年在美国威尔逊山天文台工作的天文学家里奇偶然地区星云NGC6946(NGC是《星云星团新总表》的缩写,数字是天体在这个星表中的编号)中发现了一个新星爆发。天文学家立即认识到这一发现的重要意义,因为新星可以出现在一个恒星系统中而绝不可能出现在气体云中,所以由此可以肯定NGC6946绝不是一个气体云。于是,威尔逊山的其他星云观测的底片也被搜索一遍,结果发现了更多的新星。

里克天文台的柯蒂斯也参加了新星搜索工作。他认为,新星的发现证明旋涡星云的名字取错了,因为它们并不是盘状气体云,而是庞大的恒星系统。柯蒂斯利用新星估计出这些星云的距离。并据此,认为它们是在银河系之外的独立的恒星系统。

柯蒂斯毕生致力于河外星系的研究,为了证明星云是河外星系,他还提出过一些其他论据。柯蒂斯指出各个旋涡星云的角大小相差很大,最近的仙女座大星云的角大小达2度,而一些小的旋涡星云的角大小只有 10 甚至更小。如果它们的大小相差不多,那么它们离我们的距离就将显著不同。假定仙女座大星云刚好在银河系的边缘,那么这些小的星云将比仙女座大星云远 10 倍以上,因此,把所有旋涡星云都包括在银河系内是不合理的也是不可能的,它们应是在银河系之外的独立的星系。

现在我们知道,柯蒂斯用新星观测确定星系距离的方法,和用星系角大小估计星系距离的方法,原则上都是正确的。可惜的是,21 世纪初人们对新星的了解还不深,特别是无论从理论上还是从观测上都还不了解新星和超新星的区别,而把它们同等看待。沙普利正是被这种错误引入了歧途。1885 年,恰好在仙女座大星云中观测到一颗称为仙女座的新星,其亮度与银河新星相当,不幸的是,沙普利当时不可能知道这是一颗亮度比新星大得多的超新星,而认为它的距离较近。与此同时,沙普利还引用了马内斯的一个错误报道,马内斯报道在 M101 中观测到一颗有很大自行恒星(在宇宙空间的运动的恒星,由于只有近星才能看到自行,这成为沙普利反对柯蒂斯的另一个理由)。

第二,旋涡星云是由恒星和气体组成的吗?对此,柯蒂斯正确地指出,旋涡星云的光谱与由星际气体组成的亮星云(如猎户座大星云)的光谱不同,前者像许多恒星光谱的叠加,在明亮的背景上有许多暗的吸收线,后者则有明显的亮发射线。这也表明旋涡星云是恒星系统而不是气体云。

沙普利在这个问题上研究得比柯蒂斯更细致。沙普利认为,如果旋涡星云像银河系一样是由恒星和气体组成的系统,那么只证明它的测光及光谱性质和气体星云不同是不够的,应该证明它们与太阳附近的银河情况相同才行。事实是,西尔斯和雷诺的恒星计数研究表明,太阳附近的恒星的表面亮度远远小于旋涡星云,雷诺还发现漩涡星云的中心区远比外围要红,还很难发现漩涡中心的恒星光谱特征线。这些都使沙普利不能接受柯蒂斯的结论。

现在看来,沙普利的所有判据和他指出的这些差别都是正确的,问题在于当时还没有人真正知道由恒星和气体组成的星系应该是什么样? 银河系内的星际消光减弱了恒星计数算出的表面亮度,而且直到1944年巴德提出星族概念之后,人们才能解释银盘中心和太阳附近的银盘所具有的本质差别,也才能够把旋涡星云的中心分解为一颗颗恒星,因此,太阳附近与旋涡星云不同,不能排除旋涡星云的河外性质。

第三,为什么旋涡星云都避开银道面,即为什么会存在所谓"隐带"? 为什么所有旋涡星云都以较高的速度离开银河系?沙普利认为,旋涡星云都避开银道面表明它们很容易受到银河系的影响,因此不可能离得很远,沙普利指出,只要假设银河系对旋涡星云施加一种特殊的排斥力,则上述两个观测事实便都可以解释。

柯蒂斯则指出,一些侧面对准我们的旋涡星云中心有一条暗带,这可能标志着在银盘面中存在消光物质(银河系内的星际消光效应是在这次辩论后十年才发现的)。如果银河系中存在类似的消光物质,如果太阳也处在有消光物质的盘面中,再加上如果旋涡星云在银河系之外,那么隐带就可以用消光遮挡来解释。至于星云高速离开银河系的问题,柯蒂斯无法解释,只说星系具有很大速度是可能的。事实上,关于宇宙膨胀的观点和有关规律是9年后才由哈勃指明的。

总之,沙普利用一个"斥力"假设解释隐带和高速退行两个观测事实。但斥力的性质不明,与已知的各种作用又无关系,是否有其他物理效应亦无所知,难于揭示它的物理本质。相反,为了解释与隐带有关的事实,柯蒂斯需要假设存在消光物质,旋涡星云在河外,又要假设星云能高速离开银河系,所做的假设是很多的。但是正如爱丁顿所指出,如果接受沙普利的观点,我们对旋涡星云的性质仍然一无所知,这将使研究工作难以前进,陷于停顿。如果接受柯蒂斯的观点,则星云性质与银河系相似,我们至少有一个可以继续工作的假说,这对进一步的观测、分析、研究是有利的。因此,仅仅为了这个理由,宇宙岛的理论也是一个较好的工作假说。

现在我们知道,就银河系大小的估计而言,两人都有出入,沙普利的估计大了3倍,柯蒂斯又小了1/3。但我们绝不能因此贬低两人的工作。沙普利致力于银河系的研究,正是他,在哥白尼把地球从太阳系中心的位置上移开之后,又把太阳从位于银河系中心的"王位"上赶了下来。柯蒂斯则进一步指出宇宙中充满了大量像银河系那样庞大的恒星系统。于是,继地球、太阳之后,银河系也同样不再具有任何特殊的中心的地位了。随着人类对宇宙探索的步步深入,银河系、太阳系及人类居住的地球在宇宙中的地位越来越变得平凡。

柯蒂斯和沙普利的论战没有得出一致的结果,因为当时的观测水平还不足以做出决定性的判断,直到3年之后,哈勃才给出了决定性的观测事实,表明旋涡星云的确是真正独立的恒星系统。1923年,利用新投入观测的美国威尔逊山天文台2.5米望远镜,哈勃把仙女座大星云的外边缘区域分解成了一颗一颗的恒星,又从中找到了一颗造父变星,它的周期为45天,根据周光关系,可以推断出它应比太阳亮2.5万倍,得出该星的距离为15万秒差距(由于当时采用的造父变星周光关系有错误,该星的距离实际上是80万秒差距),这比沙普利的银河系(9万秒差距)要大得多。这表明仙女座大星云确实是一个河外星系。为了对宇宙中星系的巨大尺度有一个更深刻的概念。仙女座大星云虽然这么遥远,却是离银河系最近的大漩涡星系(麦哲伦云离得更近,但只是一个较小的星系)。

确定了漩涡星云的距离之后,对于星云中心部分是否由恒星组成,许多人仍持怀疑态度,直到1944年巴德最后把仙女座大星云的中心区域也分解为一颗颗恒星之后,人们才最终解除了怀疑,所以大争辩的最

终结束,恐怕要算到 1944 年。

现在已经认识到,在宇宙中存在着数以亿计的星系。所谓星系,是由几十亿到几千亿颗恒星及星际气体和尘埃物质组成的庞大天体系统,它的空间范围达到几千秒差距到几十万秒差距。我们的银河系就是一个普通的星系,银河系以外的星系称为河外星系,简称星系。今天,人们估计河外星系的总数在千亿个以上,它们如同辽阔海洋中星罗棋布的岛屿,故也被称为"宇宙岛"。因此,银河系并不是宇宙,它只是广袤无垠、浩瀚辽阔的宇宙海洋中的一个小岛,是无限宇宙中的很小的一部分。

河外星系的发现和研究在人类探索宇宙的进程中占有重要的地位,在天文学,它是意义深远而且很有新意的课题之一。无论从广度和深度上,它都极大地扩大了人类对宇宙的认识,使人类更清楚地了解自己在宇宙中的位置。银河系不过是一个普通的星系,是千亿星系家族中的一员,是宇宙海洋中的一个小岛,是无限宇宙中很小很小的一部分。

恒星的产生

　　1955 年,前苏联著名天文学家阿姆巴楚米扬提出"超密说"。他认为,恒星是由一种神秘的"星前物质"爆炸而形成的。具体地讲,这种星前物质体积非常小,密度非常大,但它的性质人们还不清楚。不过,多数科学家都不接受这种观点。

　　与"超密说"不同的是"弥漫说",其主旨是认为恒星由低密度的星际物质构成。它的渊源可以追溯到 18 世纪康德和拉普拉斯提出的"星云假说"。

　　星际物质是一些非常稀薄的气体和细小的尘埃物质,他们在宇宙中各处构成了庞大的像云一样的集团。这些物质密度很小,每立方千米只有 10^{-10} 克,主要成分是氢(90%)和氦 (10%),它们的温度为-200℃~-100℃。

　　从观测来看,星云分为两种:被附近恒星照亮的星云和暗星云。它们的形状有网状、面包圈状等。最有名的是猎户座的"暗湾",其形状像一匹披散着鬃毛的黑马的马头,因此也叫"马头星云",而美国科普作家阿西莫夫说它更像迪斯尼动画片中的"大灰狼"的头部和肩部。

　　星云是构成恒星的物质,但真正构成恒星的物质量非常大,构成太阳这样的恒星需要一个方圆 900 亿千米的星云团。科学家正使用 CCD (电荷耦合器件)成像技术探索宇宙的奥秘。

　　在无数星星中,除了少数行星外,都是自己会发光、且位置相对稳定的恒星。它们像长明的天灯,万世不熄。太阳是距我们最近的一颗恒星。其他恒星离我们都非常遥远,最近的比邻星也在 4 光年以外。如果把它们拉到太阳的位置上,那么我们就能看到无数个太阳了。

古人以为恒星的位置是不变动的。其实,恒星不但自转,而且都以不同的速度在宇宙中飞奔,速度比宇宙飞船还快,只是因为距离太遥远,人们不易察觉而已。

恒星都是十分庞大的天体。例如,太阳的直径约为 140 万千米,相当于地球的 109 倍,体积比地球大 130 万倍。在辽阔的宇宙海洋里,太阳只是一名很普通的成员。恒星世界中的巨人——红超巨星的直径要比太阳大几十倍或几百倍!

恒星发光的强度各不相同,即使是发光强度大体相同的恒星,由于与我们的距离有远有近,亮度也不同。人们根据恒星的视觉亮度,把它们分为六个等线,这就是天文肉眼能看到的最暗的星为六等星。自望远镜发明后,人们已能看到许多比六等星更暗的星星。还有一种"星等"称为绝对星等。绝对星等的大小,反映的是恒星本身的光度或总发光量,这与目视星等的意义不同。

从星云聚为恒星分为快收缩阶段和慢收缩阶段。前者历经几十万年,后者历经数千万年。星云快收缩后半径仅为原来的百分之一,平均密度提高 1 亿亿倍,最后形成一个"星胚"。这是一个又浓又黑的云团,中心为一密集核。此后进入慢收缩,也叫原恒星阶段。这时星胚温度不断升高,高到一定的程度就要闪烁身形,以示其存在,并步入幼年阶段。但这时发光尚不稳定,仍被弥漫的星云物质所包围着。并向外界抛射物质。

随着射电技术的不断进步,人们恒星起源问题有了更深刻的认识,但就研究本身来说还有许多细节不清楚。特别是快收缩阶段,对其物理机制的是认识还不全面,还需要进行更全面的观测和更深入的研究。

恒星的演化

人类对恒星演化过程的了解，要比对恒星起源的认识更为全面和深入。

经过恒星的幼年，恒星才真正成为一颗天体。年轻的恒星仍在收缩，因此温度仍在升高。升到 1000 万℃以上时，星系核心的氢元素开始进行聚变反应，并释放能量。这样一来，恒星变得比较稳定，并进入"青壮年期"。

人类对恒星的演化过程的科学研究中，最重要的成就是 20 世纪初丹麦天文学家赫茨普龙和美国天文学家罗素对恒星光谱和光度关系的研究，他们将此绘制成图，人们称此图为赫茨普龙—罗素图，简称赫罗图。由此图可知，恒星要经过主序星(青壮年)阶段和红巨星(老年)阶段。

赫罗图非常直观，人们借此可发现在观测到的恒星中，有 90% 是处在主序星阶段 (太阳也处在这个阶段)。这个阶段是恒星经历最长的阶段，约几亿年到几十亿年。这时的恒星已不收缩了，燃烧后的能量全部辐射掉。它的主要特征是：大质量恒星温度高，光度大，色偏蓝；小质量恒星温度低，光度小，色偏红。

当恒星变老成为一颗红巨星时，在它的核反应中，除了氢之外，氦也开始燃烧，接着又有碳加入燃烧行列。此时它的中心温度更高，可达几亿度，发光强度也升高，体积也变得庞大。猎户座的参宿四就是一颗最老的红巨星。太阳老了也会变成红巨星，那时它将膨胀得非常大，以至于会把地球吞掉——如果那时人类还存在着，就要"搬家"了，搬到离太阳远一些的行星上去住。

赫罗图的建立，是天体物理学研究取得的重要成就之一。

但是由于材料尚不够完善，人们对恒星演化过程的许多细节还不很清楚，如星际物质的化学成分，尘埃和气体的比例，尘埃的吸收能力等，这也使恒星演化理论受到了一种很大的挑战。

恒星的"脸谱"

人云:"天上星,亮晶晶。"一般人认为所有星星都是白色的。果真如此吗?其实不然,每颗恒星都有各自不同的"脸谱"。

早在汉代,我们充满智慧的祖先,通过细心观察已经把恒星分出白、赤、黄、苍、黑5种颜色。1665年,英国的牛顿利用三棱镜发现了太阳的连续光谱,从而知道日光是由红、橙、黄、绿、蓝、靛、紫等各种不同颜色的光混合而成的。1814年,德国的夫琅和费继续做太阳光谱的研究,他在一间暗室的百叶窗上开了一条狭缝,让太阳光通过狭缝照射到一块棱镜上,棱镜后面则是一架小望远镜。夫琅和费通过小望远镜,惊奇地发现太阳的"七色彩带"样的光谱中又出现了许多条暗线。经过反复计数,这样的暗线共有567条之多。

现在我们知道,上述的几项发现已经构成一幅恒星真实的肖像。其在肉眼下(或在望远镜里)颜色的不同,表明的是各个恒星温度的不同,比如白色温度高,红色温度低,而众多的"夫琅和费线"则是由于太阳或恒星大气中的各种气体元素按一定的波长选择吸收太阳或恒星的辐射而成的。换句话说,光谱是了解恒星物理性质、化学成分的"钥匙"。

有鉴于此,美国哈佛天文台的皮克林对全天24万多颗恒星都拍摄了光谱,他组织了十几位终身不嫁而一心一意为天文学献身的女性,对这20多万颗恒星的光谱进行分类和研究。最后,以坎农女士的结论为准，她按照恒星的表现温度由高到低的顺序，从温度最高的 O 型星开始，构成了如下的序列：

O—B—A—F—G—K—M

为了便于记忆，有人利用这些字母编了一句话："Oh! Be A Fair Girl, Kiss Me"(译成中文为"啊,好一个仙女,吻我吧")。这句话中每个词的第一个字母恰好构成上述光谱的次序。每个光谱型又更加细致地划分成 10 个次序，例如从 B 型过渡到 A 型又有 $B_0, B_1, B_2 \cdots B_9$，这 10 个次型，太阳便是一颗 G 型星，其表面温度略低于 6000℃，是一颗具有中等发光能力的恒星。

这便是非常有名的"哈佛分类法"，全世界的天体物理学家都信赖它，而哲学家称其为"可能是发现世界秩序的最简单方法"。但是恒星的电子辐射"脸谱"究竟如何演变，还是个谜。

各型星的颜色和在普通蓝紫波段的主要光谱特征如下：

O 型:蓝白色。紫外连续谱强。有电离氦、中性氦和氢线;二次电离碳、氮、氧线较弱。

B 型:蓝白色。氢线强,中性氦线明显,无电离氦线,但有电离碳、氮、氧和二次电离硅线。

A 型:白色。氢线极强,氦线消失,出现电离镁和电离钙线。

F 型:黄白色。氢线强,但比 A 型弱。电离钙线大大增强变宽,出现许多金属线。如仙后座 β(中名王良一)。

G 型:黄色。氢线变弱,金属线增强,电离钙线很强很宽。如太阳、天龙座 β(中名天 GFBA8 三)。

K 型:橙色。氢线弱,金属线比 G 型强得多。如金牛座 α(中名毕宿五)。

M 型:红色。氧化钛分子带最突出,金属线仍强,氢线很弱。如猎户座 α(中名参宿四)。

R 和 N 型:橙到红色。光谱同 K 和 M 型相似,但增加了很强的碳和氰的分子带。后来把它们合称为碳星,记为 C。如双鱼座 19 号星。

S 型:红色。光谱同 M 型相似,但增加了强的氧化锆分子带,常有氢发射线。如双子座 R。

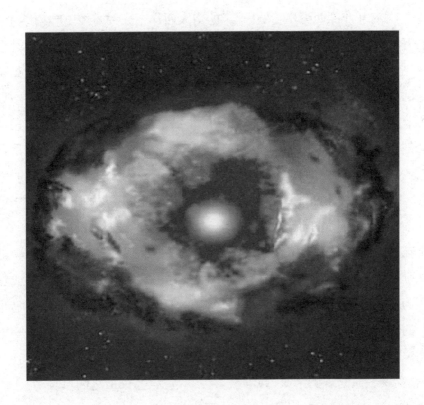

恒星的运动

在离开非洲西海岸 1800 千米的南大西洋中大约西经 10°、南纬 16° 的万顷碧波中，有一个名声显赫的火山岛——圣赫勒拿岛。1502 年时它首先为葡萄牙军队占领，后来易手为荷兰人管辖，1659 年至今属于英联邦的范围。

这个面积仅只 120 多平方千米的小岛所以举世闻名，是因为它是拿破仑兵败之后的放逐地。1821 年，拿破仑在这个岛上绝望地结束了自己的一生。

对于天文学来讲，圣赫勒拿岛也是一个值得一提的小岛。在 17 世纪前，所有的天文知识都囿于北半天球。1676 年 11 月，刚满 20 岁的一个英国大学生——哈雷在巴黎天文台台长卡西尼的鼓励下，踌躇满志地登上了英国东印度公司的一艘海轮，来到了这个荒岛。他带着一架焦距为 7 米的折射望远镜和其他一些天文仪器，在那儿建立了一个临时性的天文台，这是人类科学史上第一个位于南半球的天文台。哈雷一年的观测，使天文学家第一次了解了全天的所有恒星。1678 年哈雷回到英国，发表了他的观测结果，并编出了一本包括 38 颗恒星的星表，使人们对这位青年肃然起敬，并称他为"南天的第谷"。

1718 年，哈雷完成了一系列重大发现后，又继续研究星表。他把自己测出的一些恒星位置与古希腊的星表进行比较，发现不少恒星的相对位置有了改变，而且改变的方向和大小漫无规律。他在疑惑之余又与一个世纪前观测大师第谷的结果进行了对比,发现三者都不完全相同,但他与第谷的差别极微。哈雷经过仔细研究,终于大胆提出了"恒星不恒"的观点——恒星有"自行",它们在天球上的位置在移动着,而且年代越长,移动的角距离越大。

自行是恒星在垂直视线方向上的"横向"运动,科学地讲是切线方向,故称切向。很明显,人们见到的恒星切向运动不仅与这星的切向速度有关(速度越快,移动越大),也与这颗星离开观测者的距离关系极大。一架飞翔在高空的飞机,尽管时速可达几百、上千千米,但在人们眼里,它的切向移动还不如小鸟快,所以自行又与恒星的距离成反比。

正是因为这个原因,恒星的自行都是十分微小的———一般都小于0.1/年,这相当于它们 10 年移动的角度仅仅与 6 千米外的一枚 50 分普通邮票相当! 难怪在哈雷以前谁也没有想到过恒星竟然是"不恒"的!

测定恒星的自行是不容易的,常常要与 100 年(至少 50 年)前的底片比较——而这种底片却是不多的,因照相术发明用到天文上,至今不过 140 多年的时间。经过天文学家的艰苦努力,人们现在已经有了 40 多万颗恒星的自行数据。在现阶段,这似乎也到了"尽头",因为更加遥远的天体其自行已小得微乎其微,超出了仪器的能力。在已知自行的恒星中,只有千分之一即 400 颗在 1″/年左右。但是也有个别的恒星自行很大,达 10.31″/年这就是位于蛇夫座内的巴纳德星。它是一颗肉眼看不见的 10 等星,也是离太阳第四近的恒星。它之所以能夺冠,"近水楼台"就是一个重要的因素。自行的亚军是位于南天绘架座内的卡普均星,它的自行值是 8.8″/年,这颗星离太阳 3.9 秒差距。

必须指出的是,自行与真正的切向速度之间不能画等号。例如,冠军巴纳德星的切向速度是每秒 85 千米,而亚军卡普坦星的实际速度几乎是其 2 倍——每秒 163 千米。

在人的一生中,恒星自行的影响一般可不予考虑,但是日积月累从历史角度来考察，却是惊人的。以北斗七星为例，它在 10 万年之前与 10 万年之后的形状就不大一样。如果当年北京猿人也画下他们所见的星图，相信到现在谁也无法辨认了。

　　由此可见，所谓"星座"，实在是人为的"拉郎配"。它们并不是一个什么系统。星座中各个恒星的半径、质量、运动和离太阳的距离，都是"独立自主"各不相干的。

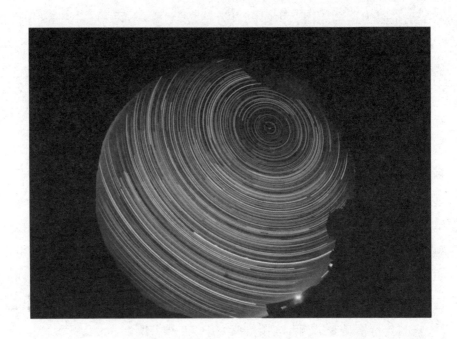

变星的发现

　　水有源、树有根。在希腊神话中,众多的妖魔精怪都源出一 "人",那就是号称"众怪之父"的福耳库斯。他住在人们到不了的遥远的大海之中。在他众多的儿女中,有三个蛰居于戈耳工的女妖,小妹妹叫墨杜莎。两个姐姐的头顶上没有柔软的秀发,却是无数盘蜷吐舌的毒蛇;口内没有整齐的沽齿,却长着野猪般的獠牙;身上也不是细嫩的肌肤,而是龙鱼般的片片鳞甲。她们的四肢是金属的,背上长着可以御风而行的金翅。更厉害无比的是三人的眼睛有奇特的魔力,只要狠狠盯上一眼,可在顷刻间让被盯住的生灵化为顽石。墨杜莎与两个姐姐长得十分相像,很难区分,唯一不同的是她为肉身——因为她原本是人间一个异常美丽动人的少女,因狂妄地要与智慧女神雅典娜比美,才受到了神的惩罚,沦为女妖。

　　墨杜莎后来被希腊英雄帕耳修斯所杀。他得到了几个仙女的相助才完成了这一充满危险的功业。墨杜莎的头颅一直挂于他的腰间,她那闪闪发光的双眼,便是著名的变星——大陵五(英仙 β)。

　　从亮度而言,大陵五是变星世界中的"冠军",最亮时为 2.13 等,最暗时也有 3.40 等,而且它常常处于离地平很高的天上,所以一闪一闪的光芒十分引人注目。中国古代把它和周围的 7 颗星看成一个大陵的形状。"陵"者,专指皇家的坟墓。古阿拉伯人对它捉摸不定的星光也有所察觉,故称它为"阿哥尔",意思是"变幻莫测的神灵"或"魔星"。古人总是把无法理解的事情推到超自然的神魔头上。

尽管人们发现大陵五的光度变化很早，但长期以来，多数人对这个事实总是疑虑重重，迷惑不解。因为人们不相信星光会有变化。最早对它进行研究、揭示它光度变化规律的，并不是拥有良好设备的天文学家，而是一个天文爱好者——又聋又哑的古德利克。1783 年，他测出这颗"魔星"的光变周期是二天 20 小时 49 分(与现代准确值仅差 4.6 秒)。更令人钦佩的是这位 19 岁的青年，对它做了十分合理的解释。他认为魔星不魔。其光变原因是恒星中有类似日食、掩星那样的交食现象。大陵五可能是一对大小、光度有较大差别的恒星(双星)，在互相绕转中由于彼此遮挡而使光度发生了变化。平时两星在 B、D 及其附近状态时，人们见到的星光是两星的光度之和，所以显得明亮；但当运行到 A 的位置，较暗的伴星挡住了较亮的主星(类似于月球挡住了太阳)，于是所见的星光大减；而在 C 这种情形时，被挡住的是本来不太明亮的伴星的一部分，所以光的损失并不太大，减弱不算太多。

后来人们又发现了一系列这种由于互相挡掩而引起光变的变星，遂把它们归为一类，称为交食变星；又因为它们本身是双星，所以更多的人称它们为食双星。随着研究的不断深入，食双星还可分为好几种不同的类型，大陵五仅是其中之一而已。

还有一种是渐台二型。它的典型代表即是渐台二(天琴 β)，位于织女的东南方。它的光变也是古德利克发现的(1784 年)，周期大约为 12.91 天。据测定，渐台二距离我们 500 秒差距(1630 光年)，其光度为太阳的5000 多倍。渐台二的光变曲线与大陵五有较大的不同，它几乎没有平直的线段部分，就是说，它的光强时刻都在变化。这说明这对双星的两颗子星相距限近，而且，相互间的引力(实际是潮汐力)使它们的形状都变为扁球或椭球形了。第三种则是大熊 W 型食变星。两颗子星距离更近，已经到可以互相交换物质的地步，所以主极小和副极小几乎没有区别。

当然三类食变星的共同特点是它们光度变化仅仅是几何原因——互相遮挡,而并非本身真在作亮暗的变化,所以天文学上称之为"几何变星"或"外因变星",它们都是"冒牌货"。因此天文学家常常把它们从变星中除名出去,而把它们归入"双星"之列。

或许有人会问:星光闪烁的原因是由于大气抖动,食变星的光变是因为互相掩挡,那么宇宙中有没有真正的变星呢?它们的光变是什么原因造成的呢?

新星的发现

　　光绪二十五年(1899年),我国山东福山一位著名金石收藏家王懿荣患了疟疾。那日他正准备煎药,忽然发现草药中有一小片异物,上面有奇怪的花纹,询问之下才知道这是"龙骨"。王是一个有心人,他把几包药都打开,把那些龙骨一一挑选出来进行研究。他又派人去药店查询龙骨的来历, 几经周折, 才知这些龙骨都出于河南安阳附近小屯村的地下,是当地农民翻地时无意中发现的。他们以为这些古时候的龟壳、牛骨可以医病,遂低廉的价格卖给了药店。王懿荣问明原委,大喜过望,遂把店中所有龙骨全部买下以做研究。因为他知道, 安阳原是商代的京都。可惜王不久就谢世,他的收藏均为《老残游记》的作者刘鹗所得。从此,甲骨文重见人世,向人们吐出了殷商时代的许多秘事。

　　在这些甲骨片中,有很多涉及天文学的记载。如其中一块上刻有:"七月己巳夕丑,有新大星火",意思是七月初七那大,在红色的心宿两旁突然出现了一颗很亮的星。据考证,是公元前14世纪的天象记录,也是目前世界最早的新星资料。西方相应的最早记录是古希腊喜帕恰斯在天蝎座中发现的新星, 据说喜帕恰斯正因为此而编制了西方最早的星表,以用此来检查其他天区是否也出现了这种"不速之客"。我国《汉书·天文志》上对喜帕恰斯发现的新星也有记录:"元光元年(公元前134年)六月,客星见于房",而客星正是我国古代对新星的别称。

　　新星不是新出现的恒星,也不是来去匆匆的过客,而是自然界的奇迹。它在很短的时间内会像闪光灯那样发出耀眼的光芒。在闪亮前，它如同微弱的烛光，暗得肉眼无法察觉，所以人们对它熟视无睹，但一旦发亮，就像一盏探照灯那么引人注目，以致人们以为这儿出现了新的星星。

迄今为止，人们在银河系内已发现了大约 200 多颗新星。从它们的光谱观测中可知，它发亮是一种大爆炸，表面层物质被炸得四处狂飞——速度可达 500~2000 千米/秒，这个速度比人造星的运行速度(8 千米/秒)大 60~250 倍，被炸开、抛出的恒星物质有百万亿亿到亿亿亿吨，分别相当于几十到几千个地球的质量。粗粗计算一下这一下子放出的能量达 10^{33}~10^{38} 焦耳，或者说是太阳能量的百万到几亿倍。前面说过，太阳能量可与 900 亿颗氢弹相比，按此比例，新星爆发相当于顷刻之间引爆 9 亿亿到 900 亿亿颗大氢弹！因此它的亮度一般可在几天内增亮 11 等。如果说原来它是一颗连小望远镜也无法看见的 12 等星，则顷刻之间会变得如同织女星那般熠熠生辉。从光变的角度讲，它也是属于变星——爆发变星或激变变星。它在 2~3 天内迅速上升 9 个星等，稍稍"休息"一下，再冲上顶峰，又升高 2 星等左右(只有几小时到几天时间)，之后，它慢慢回到原来状态，这需经历几年至几十年的时间。

新星为什么会突然爆发?20 世纪 50 年代之后，人们发现 1934 年爆发的武仙 DQ 原是一对双星，这使人茅塞顿开。很可能，新星都是一种彼此靠得极紧的双星(称密近双星)，其中一颗主星是温度较低的主序星(如 K、M 型星)，旁边的伴星是光度很小、看不见的白矮星。白矮星的强大引力把主序星的物质吸引到自己温度极高的表面上，这些物质在向白矮星落下时，本身又有巨大的动能，于是当落下物达到一定数量时，白矮星表面上就能发生本该在恒星内部发生的热核反应，成千上万颗超级大氢弹引爆了，形成了新星的巨大爆发。

新星不仅出现在银河系，在其他星系中也时有发现，如仙女星系

(M31,又称仙女大星云)中发现的新星数竟与银河系不相上下。另外在大麦云、小麦云及其他一些星系中也常常出现新星的爆发。据估计,仅银河系内,每年就有50颗新星爆发,仙女星系中约有29颗。由此看来,新星爆发是相当频繁的天象——只是由于大多数新星太遥远,即使爆发也很难察觉。

新星在爆发到最亮时刻,绝对星等平均为-7.3等。根据这个特性,人们只要抓住时机,测出该时的目视星等,就可根据造父变星所用的公式那样,求出新星所在星系的距离来。这种方法可比造父变星测得更远,因为它们比造父变星更加明亮。

金刚石

　　金刚石一直被人们视为"矿石骄子"。早在 5000 年前，人们就已经知道有金刚石了，在《圣经·旧约》的《出埃及记》和《以西结书》中，对金刚石那迷人的光泽赞叹不已；印度古代的杰作《吠陀经》、《刺马耶耶》和《摩诃波罗多》，更是对金刚石那奇异的晕色啧啧连声。在希腊语中，"金刚石"一词就是"不可战胜"、"不可摧毁"的意思。古代的人们以其充满热情的想像力，认为金刚石的非凡性质是一切自然创造物中最完美无缺的象征。一块晶莹的石头竟然有那样出奇的硬度和耐久性，人们感到不可思议，它那闪烁出迷幻异彩的本领尤其令人神往。世界上许多民族更是奉它做自己的神灵，并且冠以极其崇高的头衔，尊之为"宝石之王"！

　　然而，关于金刚石的化学成分，以及它的出处，一直是科学界长期争论不休的问题。

　　历史上一些知名科学家几乎都揣测过金刚石那些扑朔迷离的化学成分。古希腊大哲学家培多克利斯说金刚石是由 4 种元素(土、气、水、火)组成；而按照印度科学家的说法，它构成的要素是 5 种，即土、水、天、气和能。1704 年，牛顿对此做了系统的研究，指出金刚石的可燃性。而罗蒙诺索夫更预言，金刚石之所以非凡坚硬，乃是由于"它是由紧密联结的质点组合而成的"。

　　到了 1772 年，法国化学家拉瓦哥将一颗金刚石加热使之燃烧，结果发现，它燃烧时所产生的气体就是二氧化碳！虽然拉瓦哥已经指出金刚石和碳的关系，然而却不敢做出看来多么滑稽——把高贵的金刚石与"低贱"的碳相比的最后结论。24年之后，即1796年，英国化学家耐特才做出金刚石是纯净的碳的结论。

至于金刚石来自何方，在科学界更具争议。

最初人们大多认为金刚石来自地下的矿石。因为早期的金刚石多采自砂矿床。1870年在南非开普省北部找到世界上第一个原生金刚石矿床，该地即以当时英国殖民大臣金伯利勋爵的名字来命名，这就是后来的金伯利城。地质学家在矿区发现金刚石的成矿母岩是一种无论矿物成分和性状都不同一般的寻常特殊的岩石，称其为金伯利岩，它最早是由英国人路易斯在1887年提出来的。后来人们在世界各地相继发现了一些在形状和矿物组成等方面与金伯利岩相似的岩体，并且认识到金伯利岩是原生金刚石矿床的唯一成岩母矿。这是一种基质不含长石的偏碱性超基性岩，主要成分为橄榄石，多具角砾状或斑状结构，因此又名角砾云母榄岩，岩体通常呈漏差别形的岩筒(又名岩管或火山颈)或脉状岩石。根据金伯利岩所含的高压矿物扣测，金伯利岩浆形成于上地幔，在高压条件下沿着地壳的深入断裂向上运移。由于它饱含高压气体(水及二氧化碳等)，当上升而压力骤减时，体积迅速膨胀，在地下产生火山爆发。爆发后岩浆胶结碎屑物质充填火山颈，遂形成金伯利岩筒。

曾有人说，金刚石是由金伯利岩浆夺去邻近的碳质岩石的夹杂块形成的；也有人认为，金刚石是由金伯利岩和另一种榴辉岩一起从地壳深处带上来的。现在大部分人确信，金刚石就是由金伯利岩本身所含的游离碳，在剧烈上升和发生爆炸的整个岩浆活动过程中，也就是在高温高压条件下结晶形成的。因为人类在实验室中，利用极高的温度和压力，已经成批量生产出人造金刚石。前苏联科学院地球化学实验室采用同位素分析方法证明，金刚石不仅能在150千米以下的地幔上生成，也能在地下10千米的地壳里生成。只要岩浆通过地壳上部岩管时，通道出现狭窄的小孔。由于这一缩颈现象,压力会突然认不超过 2 万大气压猛增到 100 万大气压,这样,岩浆碳就会变成全刚石。

20 世纪 70 年代末至 80 年代初,美国佐治亚大学的加迪尼等人,测定了美国阿肯色州金刚石的气—液包裹体,竟然发现其中含有类石油的烃类物质(即由碳和氢构成的有机化合物),如甲烷、乙烯、甲醇、乙醇等。他们转而认为金刚石的形成与地球深部的烃源有关。1981 年,索尔博士在日本召开的第 18 届国际宝石学会议上,进一步阐述了二者之间的内在联系。他推测地球内部有丰富的烃源,烃气在超基性的金伯利岩浆中易于保存。当金伯利岩浆向上涌溢时,挥发性的烃气就向地表表层扩散,而残熔的碳素则缩在金伯利岩浆中,并因压力、温度的急剧变化而结晶形成金刚石。

但是,1988 年,人们有了一个意外的发现,使上述观点受到了怀疑。这一发现就是,俄国学者叶罗费巴夫和拉钦夫首次在石质陨石中找到的浅灰色的金刚石细粒。不久,在石质陨石中也发现了金刚石。陨石中为什么会有金刚石,也一直是科学家们探索的课题。最初认为这些金刚石是陨石中所含的碳质,因与大气摩擦和地面撞击产生的高温高压而造成的。近年,美国国家自然史博物馆得到一块来自南极大陆亚兰高地冰盖中的铁陨石,在把它切片时,也找到了一个金刚石晶体的包体。他们猜测这块陨石原是小行星的碎片,而其中所含的金刚石晶体,则是在它陨落之前,并且是在好几百万年前小行星带中的两颗小行星发生碰撞时形成的。由于小行星碰撞时的速度非常大(时速约数万千米),产生的冲击压力足以使自然碳转变为金刚石。

美国芝加哥大学的刘易斯和沃特等人,在研究 1969 年坠落于墨西哥等地的 4 块陨石时,意外地发现了无数非常细小的金刚石粉末,其中还含有微量的具有特殊比例的同位素的氙气。经过测定,显示出它们的年龄比太阳系还大,均生成于 45 亿年以前,从而表明金刚石的生成与陨石相互间的撞击或坠落与地球都没有关系。这几位科学家由此推翻了因地球内部的高温高压促进生成金刚石的传统说法。他们大胆提出，自然界的金刚石，大概都是在几十亿年前，由一颗红巨星——即垂死的"恒星"的毁灭过程形成的。那里的富氢和高温特别有利于碳气浓缩成金刚石。在那个阶段，红巨星将产生大量气体。而这些气体将膨胀和冷却，使碳这类物质冷凝并结晶，千百年后，在主巨星最后爆炸成超新星时，它将喷射高速离子，包括带电的氙原子，这些氙原子将追上逃越的金刚石颗粒并埋在其中。在宇宙中形成的金刚石，其数量可能是惊人的。后来，这些金刚石参与了太阳系的演化，难怪在地球和陨石中都能寻到它们的踪迹。

美丽的金刚石究竟是来自天上还是地下？这真是令人难以捉摸的谜。

太阳系的产生

　　一种猜想认为,最初,整个太阳系都是一片混沌状态,在这种混沌状态之中,只存在一种物质,这种物质便是星云。这种原始的星云是一种非常灼热的气态物质,这种气态物质。它迅速旋转着,先分离成圆环,圆环凝聚后形成行星,凝聚的核心便形成了太阳。这就是著名的"康德—拉普拉斯假说",是200多年来众多的太阳系学说中的一种。

　　自宇宙学正式成为一种学问以来,关于太阳系的起源问题,一直都没有一种最权威的说法能够使绝大多数人信服。到今天,随着人们提出的一种又一种假说,关于太阳系的起源问题,已经有40多种说法了。"康德—拉普拉斯假说"只不过是其中比较有代表性的一种,这种说法又被称为星云说。

　　星云说在当时受到了普遍的拥护和认同。后来,随着人们认识的不断变化,星云说越来越受到质疑。不过,近年来,美国天文学家卡梅隆的一种说法又使得星云说重新受到了世人的关注。卡梅隆认为,太阳系原始星云是巨大的星际云氤出的一小片云,这一小片云起初是在不断的自转,同时又在自身引力的作用下不断收缩。慢慢地,它的中心部分便形成了太阳,外围部分变成星云盘,星云盘后来形成行星。

　　这一观点由于受到了许多世界顶级天文学家的重视而备受世人的关注。我国天文学家戴文赛、前苏联天文学家萨弗隆诺夫、日本天文学家林忠四郎等人就是这一观点的拥护者。然而,不可否认的是,星云说无法解释太阳和各行星之间动量矩的分配问题，这一缺陷使得大家对星云说始终抱着一种怀疑的态度。

于是灾变说便应运而生，在本世纪初，英国天文学家金斯把灾变说推到了一个前所未有的高空，使得这种学说很快引起了人们的注意。金斯提出，行星的形成，是一颗恒星偶然从太阳身边掠过，把太阳上的一部分东西拉了出来的结果。太阳受到它起潮力的作用，从太阳表面抛出一股气流。气流凝聚后，变成了行星。

除此之外，还有星子说等著名的宇宙理论。

后来杰弗里斯提出了恒星与太阳相撞说，他的这一假说，在天文学领域足足引领了 30 多年。

最近几年，维尔夫森对灾变说的最新解释又使得人们开始把注意力集中到灾变说上来了。维尔夫森认为，形成行星的气体流是从掠过太阳的太空天体中抛射出来的。不过这种说法马上就因为天文学家们的另一项发现而摇摇欲坠，天文学家们经过计算后认为，气体中的物质在空间弥散开来之后，不会再产生凝聚现象。这就意味着灾变说的核心在理论上是站不住脚的。

在这种情况下，"俘获说"似乎更使人着迷。最早提出这一假说的是前苏联科学家施密特来。他认为，当太阳某个时候经过气体尘埃星云时，把星云中的物质"据为己有"，形成绕太阳旋转的星云盘，并逐渐形成各个行星及其卫星。然而这种假说在德国的魏扎克、美国的何伊伯那里又有了两个变种。

看来，各种假说都不是无懈可击的，各种假说都有一定的道理。究竟是哪一种假说更合理，恐怕还不是人类一时能够回答出来的。

"太阳系"的发现

茫茫无际的宇宙,深藏着无数奥秘。

有人曾设想,除我们的太阳系以外,还应有第二个、第三个太阳系。可是另外的"太阳系"具体在哪里?这个长期以来争论不休的问题,随着织女星周围发现行星系,有人认为已经找到了宇宙中的第二个"太阳系",为寻找宇宙中其他许多"太阳系"提供了例证。

宇宙中的第一个"太阳系"是怎样发现的呢?

1983 年 1 月,美国、荷兰、英国三个国家成功地发射了红外天文卫星。后来,天文学家们利用这颗卫星意外地发现了天琴座主星——织女星的周围存在类似行星的固体环。

这次发现在世界上还是头一回。这一发现可以说是划时代的发现。

织女星周围的物质吸收了织女星的辐射热,发射出红外线。红外天文卫星接收到了它所放射的红外线。比较四个不同接收波段的强度便可计算出该物体的温度为 90K(约-180℃)。一般来说,恒星的温度下限约为 500K。温度为 90K,这就是说那个物体是颗行星。而且,织女星真的也有行星系的话,它便相当于外行星。这样一个温度的物体只能用波长为几十微米的红外望远镜方可捕获到。

美国、荷兰、英国合作发射的卫星是世界第一颗红外天文卫星,主要用于探测全天的红外源,也就是对红外源进行登记造册。一般红外天文望远镜不能探出宇宙中的低温物体。因为大气中的水分和二氧化碳气体大量吸收了来自宇宙的红外线及地球的热，又会释放互相干扰的红外线。红外天文卫星将装置仪器用极低温的液态氦进行冷却，所以才有了这次的发现。

探测表明，织女星行星系与太阳系行星系一般大小。由于织女星发出的总能量是已知的，通过 90K 的物体的温度便能求出织女星和该物体之间的距离，也就是可以求出该行星系的半径。

织女星距离地球 26 光年，是全天第四亮星。直径是太阳的 2.5 倍，质量约是太阳的 3 倍，表面温度约为 10000℃，比太阳的表面温度 (约 6000℃)高。织女星诞生于 10 亿年前，太阳诞生于 45 亿年前，相比之下织女星要年轻得多。地球大致是与太阳同时诞生的，若认为织女星的行星也跟织女星同时诞生，那么就可以视它的行星处在演化的初期阶段。

依据行星形成的一般假说，当恒星产生时，在它的周围散发着范围为太阳系 100 倍的分子气体云环，因长期相互作用而分成若干个物质团块，进而形成行星。

东京天文台曾公布说，他们用射电望远镜在猎户座星云等地方发现"行星系的婴儿"，也可以说是原始行星系星云。

东京天文台和红外天文卫星的发现，看来可以说是行星形成过程中的不同阶段。深入分析和研究这两个不同阶段，以及更正确地描写织女星的行星像，无疑是当前世界天文学界所面临的一大课题。

金　星

金星由何来?金星表面有水吗?金星有过卫星、大海吗?

金星是天空中最亮的星星,仅次于太阳和月亮。在空中,金星发出银白色亮光,璀璨夺目,因而有"太白金星"之说,西方人认为爱与美的女神"维纳斯"就住在金星上。金星最亮时,亮度是天空中最亮的恒星——天狼星的10倍。

金星如此明亮的原因有两点。一方面,是因为它包裹着厚厚的云雾,近层云雾可以把75%以上的光反射回来,反射白光的本领很强,而且对红光反射能力又强于蓝光,所以,金星的银白光色中,多少带点金黄的颜色。另一方面,金星距离太阳很近,除水星以外,金星是距太阳第二近的行星,它到太阳的距离是10800万千米,太阳照射到金星的光比照射到地球的光多一倍,所以,这颗行星显得特别耀眼明亮。

金星比地球离太阳近,绕日公转轨道在地球的内侧,这点与水星很类似。但金星的轨道比水星轨道大一倍,所以,金星在天空中离太阳就要远些,容易被看到。金星被我们看到时,它与太阳距角可以达到47°。也就是说,金星在太阳出来前3小时已升起,或者在太阳下落后3小时出现在天空。这样很多地区的人很容易见到它。在我国古代,当它在黎明前出现时,叫做"启明星",象征天将要亮了;而当它在黄昏出现的时候,叫做"长庚星",预言长夜来临了。"启明星"、"长庚星"就是金星,往往是晚上第一个出现和清晨最后一个隐没的星星。

在伽利略以后的几个世纪中，人们渐渐发现金星与地球有很多近似之处，一度被当作地球的"孪生姊妹"，站在太阳系外看这两个星球，确实可以一眼看出两者有许多共同点。

	金　星	地　球
大　　小	半径 6073 千米	6378 千米
密　　度	5.26 克/厘米³	5.52 克/厘米³
表面重力	是地球的 88%	
大　气　层	全部被浓云包围	部分地区有云层

按理说，轨道与地球并列，距离又很近的金星，是最方便地球上的人们观察的，然而，金星被厚厚的大气遮得严严实实，就像罩着厚厚的面纱，一点缝隙都不露，终日不肯以真面目示人。

地球上的人们看来看去，产生了很多猜想，甚至推测金星上可能存在生命。

宇航时代的开始，意味着金星神秘时代的结束。美国和前苏联前后发射二十多个金星探测器，频繁地对金星大气和金星表面进行探测。

首先是前苏联的"金星 1 号"，这是人类历史上发射的第一艘金星探测飞船，在 1961 年 2 月 12 日升空，但并不成功。

首度成功观测金星的是美国的"水手 2 号"，于 1962 年 8 月 27 日升空，同年 12 月 14 日，通过了距离金星 34830 千米的地方探测金星。

首次在金星大气中直接测量的是前苏联的"金星 4 号"，于 1967 年 10 月 18 日，打开降落伞，降落于金星大气中。

首次软着陆成功的是前苏联的"金星 7 号"，它于 1970 年 12 月 15 日，降落于金星表面，送回各种观测资料。

前苏联从 1961 年开始，直至 1983 年，共发射飞船 16 艘，除少数几艘失败外，大多数都按原计划发回不少重要资料。

美国在 1962 年发射"水手 2 号"以后，又在 1978 年 5 月 20 日和 8 月 8 日先后发射"先驱者金星 1 号"和"先驱者金星 2 号"。其中"先驱者金星 2 号"的探测器软着陆成功。至此，美国也先后有 6 个探测金星的飞船上天。

金星神秘的面纱——大气首先被人们所认识。

金星的天空是橙黄色的。金星的高空有着巨大的圆顶状的云，它们离金星地面 48 千米以上，这些浓云像硕大无比的圆顶帐篷悬挂在空中反射着太阳光。这些橙黄色的云是什么呢？原来竟是具有强烈腐蚀作用的浓硫酸雾，厚度有 20~30 千米。因此，金星上若也下雨的话，下的便全是硫酸雨，恐怕也没有几种动植物能经得住硫酸雨的洗礼。金星是个不毛之地。

金星的大气又厚又重。金星的大气不仅有可怕的硫酸，还有惊人的压力。我们地球的大气压只有一个大气压左右，在金星的固体表面，大气压是 95 个大气压，几乎是地球大气压的 100 倍，相当于地球海洋深处 1000 米的水压。人的身体是承受不起这么大的压力的，会在一瞬间被压扁。

金星的大气中主要是二氧化碳。二氧化碳占了气体总量的 96%，而氧仅占 0.4%，这与地球上大气压的结构刚好相反，金星的二氧化碳比地球上的二氧化碳多出 1 万倍，人在金星上会喘不过气来，一会儿就被闷死。这里常常电闪雷鸣，几乎每时每刻都有雷电发生，让你掩耳抱头，避之不及。

金星是真正的"火炉"。地球上 40℃的高温已经让人受不了，但金星表面的温度高得吓人，竟然高达 460℃，足以把动植物都烤焦，而且在黑夜并不冰冻，夜间的岩石也像通了电的电炉丝发出暗红色光。金星怎么会有这么恐怖的高温呢？这也是二氧化碳的"功劳"。白天，强烈阳光照射下，金星地表很热，二氧化碳具有温室效应，也就是说，大气吸收的太阳

133

能一旦变成了热能,便跑不出金星大气,而被大气挡了回来,二氧化碳活像厚厚的"被子",把金星捂得严密不透风,酷热异常。再加上金星的一个白天相当于地球上58天半,吸收的热量更是越聚越多,热量只进不出,从而达到了460℃的高温,比最靠近太阳的水星白昼的温度还要高水星约430℃。

温室效应使金星昼夜几乎没有温差,冬夏没有季节变化。因而金星上无四季之分。

其实,地球上也有温室效应,只不过地球大气中二氧化碳只有3.3‰,所以地球温室效应远不如金星的强烈。但是,就是这么点二氧化碳,就可使地球的平均温度达到17℃。近年来,工业污染加剧,致使地球上二氧化碳有增加的趋势,地球的气候也逐渐有变暖的趋向,严重时,两极冰川融化,海平面上升,一些陆地将被淹没。这应该是地球上引起高度重视的问题,因为我们不想成为第二个金星。

金星上如此恶劣的环境,是以前的人们不曾想到过的,这位曾经是地球的"孪生姊妹"的金星,一旦面纱撩开,即刻让人们对金星上存在生命的幻想破灭了。

不过,人们头脑中还有一丝希望,那就是,金星上有水吗?

金星有很少量的水,仅为地球上水的十万分之一。这些水分布在哪里呢?由"金星13号"和"金星14号"探测表明,在硫酸雾的低层,水汽含量比较大,为0.02‰,而在金星表面大气里有0.02%,金星表面找不到一滴水,整个金星表面就是一个特大的沙漠,在每日的大风中尘沙铺天盖地,到处昏昏沉沉。

金星地表与地球有几分相似。金星因为有大气保护,环形山没有水星、月球那么多,地形相对比较平坦,但是有高山。山的高度最大落差与地球相似,也有高大的火山,延伸范围广达30万平方千米。大部分金星表面看起来像地球陆地,不过,地球陆地只有十分之三,其余十分之七为广大海面。金星陆地占六分之五，剩下的六分之一是小块无水的低地。至今金星表面未发现有水。

金星与地球有与地球相似的大小、质量和密度，同时还有含水汽的大气。所以，人们推测，金星上可能有大海，如果有大海的话，就可能有生物存在。尽管在20世纪70年代，前苏联的"金星号"系列飞船在金星着陆，推翻了有大海的假说。尽管金星有与地球相似的地貌，平原、峡谷、高山，可人们对金星寻海并不死心，到20世纪80年代，这个问题又被重新提了出来。

重新提出这问题的是美国科学家彼拉·詹姆斯。他认为大海存在过，后来又消失了。分析原因，一种可能是太阳光将金星水气分解为氢和氧，氢气团重量轻而纷纷背叛金星。第二种可能是，在金星早期，它的内部曾散发像CO那样还原的气体，由于这些气体与水的相互作用，把水分消耗掉了。第三种可能是，由于金星上大量的火山爆发，大海被炽热的岩浆烤干了。还有一种可能是，水源来自金星内部，后来又重新归还原处。

美国密执安大学的科学家多纳休等人，在彼拉克·詹姆斯的基础上，又提出新看法。他们认为，太阳早年不像这样亮和热，辐射热量也少30%，那时金星气候就不像现在这样热了。有适宜气候，大海应运而生，生物有可能在大海繁衍生息。可后来，太阳异常地热起来，加上金星一天等于地球117天的缓慢运转，经不起烈日的酷晒，金星上的大海被烤干了。

后来有不同看法提出。美国依阿华的科学家弗里克认为，根本不存在大海，观测表明，金星大气层是不断进入大气层的彗星核造成，彗核成分是水冰。至今，金星大海仍是个未解之谜。

金星另一个问号是卫星哪去了？在太阳系的67颗卫星中，水星、金星没有卫星，不过金星曾有过卫星。那是1686年8月，法国天文学家、巴黎天文台第一任台长卡西尼宣布发现金星卫星，并推算这颗卫星的直径为金星直径的 1/4 即 1500 千米，类似于地球、月亮的比例，当时卡西尼已发现了 9 颗卫星，结果金星的卫星又轰动一时。

很多人就这颗卫星的位置、亮度、轨道、半径、周期进行研究，在 1764 年，就有发表观测金星卫星的文章。

后来观测技术进步了，却再也没发现金星的卫星，是失踪了吗?怀疑和简单否认是不客观的。

假如有卫星，哪里去了?什么时候、又是什么原因?这又是金星的第二个谜。

火 星

人面石、金字塔之谜

从 1976 年美国"海盗"1 号飞船发回圣多利亚多山的沙漠地区上空的照片上,我们可以清楚地看到,在一座高山上,耸立着一块巨大的五官俱全的人面石像,从头顶到下巴足足有 16 公里长。脸心宽度达 14 千米,与埃及狮身人面像——斯芬克斯十分相似。这尊人面石像似仰望苍穹,凝神静思。在人面像对面约 9 千米的地方,还有 4 座类似金字塔的对称排列的建筑物。

从此,火星"斯芬克斯"便成了爆炸性消息。科学家对人面像究竟是如何出现在火星的问题,依然非常谨慎,认为这不过是自然侵蚀的结果,由一些自然物质凑巧地形成的,或者是自然物体在光线影响下及阴影的运动造成的。但是,仍有很多人相信"火星人面"是非自然的,他们宣称,用精密仪器对照片进行分析,发现人面石像有非常对称的眼睛,并且还有瞳孔。霍格伦小组认真分析对比认为,最有说服证据的是"对称原理",一个物体正因为符合绝对对称后才证明其出自人手,而非自然天成。五角大楼制图和地质学家埃罗尔托伦同样说:"那种对称现象自然界根本不存在。"人们继续对这些照片研究,又有许多发现,火星上的石像不止一座,而有许多座,并且连眼、鼻、嘴,甚至头发都能看得很清。金字塔同样有许多座。在火星的南极地区,美国科学家发现有几何构图十分方正的结构体,专家们称之为"印加人城市"。

在火星北半球的基道尼亚地区,在类似埃及金宁塔东侧发现奇特的黑色圈形构成体。还有道路及奇怪的圆形广场,直径 1 千米。道路基本完整,有的道路在修建时特意绕过坑坑注注。在火星尘暴漫天的条件下一般道路在 5000~10000 年内消失无影。估计建成时间不会太长,研究者将火星上金字塔与地球上金字塔做比较,认为两者相似,火星金字塔的短边与长边之比恰恰符合著名的黄金定律,肯定和地球上建立金字塔过程中运用了相同的数字运算。只是火星上的金字塔高 1000 米,底边长 1500 米,地球上最高的第四朝法老胡夫的金字塔才高 146.5 米,不过也相当于 40 层高的摩天大楼了。但它在火星金字塔面前却相形见绌。火星照片上那些奇特的图像都在集中在面积为 25 平方千米的范围内。

专家们估计,人画像、金字塔有 50 万年历史了。50 万年前的火星气候,正处于适合生物牛存的时期,因此他们推断,这很可能是火星人留下的艺术珍品。甚至可能是外星人在火星上活动所留下的杰作。

事隔 20 年后在火星轨道上进行测绘任务的美国"火星观察者"太空飞船又飞越了"火星人面"区域拍到了更清晰的照片。与 1976 年相比,这次的图片将"火星人面"放大了 10 倍,并是在逆光中拍摄的。它像什么呢?

负责"观察者"号太空飞船务的科学家,加州科技学院的阿顿·安尔比断定是自然形成的图案。他说:"它是自然岩石形状,只是一片独立的山地,只不过是峰峦沟谷在光线的影响下形成了'人面'。"并说,这种现象坐在飞机上任何人都会遇到，从华盛顿到洛杉矶的飞机上就可以看到很多像那样的景色，而非人工建筑。地理学家也认为，形成"人面"的山上和阴影部分只不过是光线变化所致，也很可能是几百万年来气候变化的偶然结果。

但是，仍有很多人坚持"火星人面"是非自然的。科学家马克卡罗特址"行星科技研究学会"的成员，他指出，人脸的比例十分真实。还说："这不是一张夸张搞笑的脸，也不是张笑脸，它的口中有牙齿，眼眶中有瞳孔。"通过计算机放入处理后，眉毛及头巾上的条纹也都清晰可辨，"人面"看上去更像人工建造的了。卡罗特也承认这只是偶然的证据，卡罗特说，这不是有力的证据，但可以积少成多，由弱变强，我们想了解更多。

火星河之谜

从 1964 年到 1977 年，美国对火星发射了"水手号"和"海盗号"两个系列共 8 个探测器。1971 年 11 月，"水手"9 号对火星全部表面进行了高分辨率的照相，发现了火星上有宽阔而弯曲的河床。不过，这些河床与轰动一时的运河完全是两回事。这些干涸的河床，最长的约 1500 千米，宽达 60 千米或更多。主要的大河床分布在赤道地区，大河床和它的支流系统结合，形成脉络分明的水道系统。还可以观测到呈泪滴状的岛、沙洲和辫形花纹，支流几乎全部朝着下坡方向流去。科学家们分析，只有像水那样的少黏滞性流体才能造成这种河床，这是天然河床，绝不是"火星人"的运河。

那么，火星上的河水流到哪里去了呢?这便成了当代"火星河之谜"。

今天的火星表面温度很低，大部分水作为地下冰存在于极冠之中。极稀薄的大气，使得冰在温度足够高时只能直接升华为水蒸气，自由流

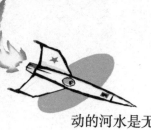

动的河水是无法存在的。

火星河床说明，过去的火星肯定与今日的火星大不相同。有一种假说认为，在火星历史的早期，频繁的火山活动喷出了大量气体，这些浓厚的原始大气曾经使火星表面温暖如春，造成了冰雪融化、河水滔滔的景色。后来火山活动减少，火山气体逐渐分解，火星大气变得稀薄、干燥、寒冷，从此，河水干涸，成为一个荒凉的世界。

另一种假说认为，在火星的历史早期，自转轴的倾斜度比现在更大，因而两极的极冠融化，大量二氧化碳进入大气，大量的水蒸发并凝成雨滴在赤道地区落下，形成河流。

当然，对于火星河流的形成还可以提出更多的猜想与假说。然而，科学家们最关心的问题是：滔滔的河水跑到哪里去了？有人提出，从巨大的江河到今日滴水皆无，这说明火星的气候发生了根本的变化。

火星有生命吗

一位天文学家接到了一家报纸编辑的电报，内容是："请用100字电告：火星上是否有生命？"

这位天文学家回电说："无人知道！"并且重复了50遍。

这件事情，发生在人类对宇宙的探索之前。后来，到了1965年7月，美国宇航局首次成功发射的"水手4号"太空探测器，近距离地飞过了火星，并且向地球发回了22帧黑白图像。这些图像显示，这颗神秘的星球上布满了令人恐惧的深坑，并且显然和月球一样，是个完全没有生命的世界。以后数年中，"水手6号"和"水手7号"也飞过了火星，"水手9号"对火星做了环绕飞行。它们向地球送回了7329幅照片。1976年，"海盗1号"和"海盗2号"进入了长期轨道的飞行，在这期间，它们发回了6万多幅高质量的图像,并且将一些登陆车组件放在火星表面上。

到1998年初,尽管当时人人都热衷于写作,但对"火星上是否有生命"这个问题的回答,却依然仅仅可能一直是"无人知道",不过,科学家们手头上已经掌握了更多的资料,并且对这个问题形成了一系列见解。

火星的外表虽然伤痕累累,但有许多科学家认为:火星地表之下,有可能生存着最低级的、类似细菌或病毒的微生物有机体。另一些科学家虽然感觉到火星上现在根本不存在生命,但并不排斥这样一种可能性。在某个极为遥远的古老时期,火星可能曾经出现过"生物繁盛"的时代。

这些争论的范围不断扩展,其中的一个关键因素就是:从作为陨石到达了地球的火星碎片或岩石当中,是否找到了一些可能存在过的微生物化石,是否找到了生命过程的化学证据。这个证据,必须连同对生命过程进行的那些肯定性试验结果,一同被认定下来——"海盗号"登陆车就曾经进行过此类试验。

探索火星上的生命的故事中,存在着诸多令人困惑的因素,其中包括美国宇航局发表的官方结论。1976年,"海盗号"对火星的探测"没有发现任何有说服力的证据,表明火星表面存在着生命"。

但是,吉尔伯特·莱文却不能接受这个说法,他是参与"海盗号"计划的主要科学家之一。他进行了"放射性同位素跟踪释放"实验,而这个实验则显示出了准确无误的积极读数。他当时就想如实公布这个结果,但是,美国宇航局的同事们却阻止了他。

1996年,莱文博士对此评论说:"他们提出了一些解释来说明我的实验结果,但那些解释没有一个具有说服力。我相信,今天的火星上存在着生命。"

看来,莱文的同事们之所以阻止他公布自己的实验结果,是因为他的试验与另外一些试验得出的负面结果相对立,而那些试验是一些更年老的同事设计的。

"海盗号"上的质谱分光仪并没有探测到火星上的任何有机分子,这个事实受到格外的重视。不过,莱文后来证明:这个探测器上的质谱分光仪的工作电压严重不足——在一个标本里,它的最小灵敏度是1000万个生物细胞,而其他正常仪器的灵敏度却可以下降到50个生物细胞。

1996年8月,美国宇航局宣布,他们在编号ALH8400的火星陨石中,发现了微生物化石的明显遗迹。只是到了这个时候,莱文才受到了鼓舞,公布了自己的实验结果。美国宇航局公布的证据,有力地支持了莱文本人的观点,即这颗红色星球上一直存在着生命,尽管那里的环境极为严酷:"生命比我们所想像的要顽强。在原子反应堆内部的原子燃料棒里发现了微生物;在完全没有光线的深海里,也发现了微生物。"

英国欧佩恩大学行星科学教授柯林·皮灵格也同意这个观点,他说:"我完全相信,火星上的环境曾一度有利于生命的产生。"他还指出:某些生命形式能够生存在最不利的环境中,有些能够在零度以下相当低的温度中冬眠;有的试验证明,在150℃高温里也有生命形式存在。你还能找到多少比生命更顽强的东西呢?

火星上冷得可怕——各处的平均温度为-23℃,有些地区则一直下降到-137℃。火星上能供生命生存的气体极为匮乏,例如氮气和氧气。此外,火星上的气压也很低,一个人若是站在"火星基准高度"上(所谓"火星基准高度",是科学家一致确定的一个高度,其作用相当于地球上的海平面),他感受到的大气压力相当于地球上海拔3万米高度上的压力。在这些低气压和低温之下,火星上即使有水存在,也绝不可能是液态的水。

科学家们认为,没有液态水,任何地方都不可能萌发生命。假如这是正确的,那么,火星过去和现在存在着生命的证据,就必然非常明显地意味着火星上曾经充满过大量的液态水——我们将看到,有无可辩驳的证据能够证明这一点。火星上的液态水后来消失了,这也无可置疑。但是,这并不意味着任何生命都不能在火星上存活。恰恰相反,最近一些科学发现和实验已经表明：生命能够在任何环境下繁衍，至少在地球上是如此。

1996 年，一些英国科学家在太平洋海底四千多米的地人进行钻探，发现了"一个欣欣向荣的微生物地下世界……(这些)细菌表明：生命能在极端的环境里存在，那里的压力是海平面压力的 400 倍，而温度竟高达 170℃"。

研究海底三千多米处的活火山的科学家也发现了一些动物，它们属于所谓髭虎鱼属动物，聚居在布满各种细菌的领地上，而那些细菌则在从海床上隆起的、沸腾的、富含矿物质的地幔柱上，繁茂地生长。这些动物通常只有几毫米长，样子很像蠕虫，而在这里，其尺寸畸形发展成为巨大的怪物，样子使人联想到神话中的蝾螈，那是传说生活在火里的一种大虫子或者爬行动物。

髭虎鱼属动物赖以生存的那些细菌，其模样也几乎同样古怪。它们不需要阳光来提供能量，因为没有阳光能够穿透到这样的深海下面。但它们却能利用"从海底冒出来的、接近沸腾的水的热量"。它们不需要有机物碎块作为营养，而能够消化"热海水中的矿物质"。这样的动物被动物学家归入极端变形的"自养生物"类属，它们吃玄武岩，以氢气为能量，并且能从二氧化碳中提取碳元素。

科学家们的报告声称：另外一些自养生物被发现于海底 3000 米处，那里唯一的热源是岩石的热量……在 113℃的高温中能够发现这些生物……在酸流中也能发现这些生物；在苯和环乙酮等物质内有害环境中，在马里亚纳海沟 11000 米的深海里，都能够发现这些生物。

可以想象，火星上有可能存活着这类生物，它们也许被封闭在了 10米厚的永久冻土层当中。人们认为，火星地表下面存在着这种永久冻土层，它们也许已在火星悬浮的大气里存在了无比漫长的时期。

在地球上，休眠的微生物被琥珀包裹了数千万年而保存下来。1995

年,美国加利福尼亚州的科学家曾经成功地使这些微生物复活,并把它们放在了密封的实验室里。另外一些有繁殖能力的微生物有机体,已经从水晶盐当中被分离了出来,它们的年龄超过了两亿年。

在实验室中,细菌孢子被加热到沸点,然后被冷冻到-270℃,这个温度范围正是星际太空间的温度变化范围。等温度条件好转,这些细菌孢子立即恢复了生命。

同样,有些病毒即使在此类生物组织外面没有活力,也能够在细胞中被激活。在其休眠状态下,这些可怕的小生物(其身体比可见光的波长还短)可以说几乎是永远不死的。经过仔细检查,科学家发现它们都极为复杂,并具有由 1.5×10^4 个核苷组成的基因组。

随着美国宇航局对火星的继续探索,科学家们相信,火星和地球之间存在交叉感染的情况是极为可能的。的确,早在人类开始太空飞行时代以前很久,可能已经发生过这种交叉感染的情况了。来自火星表面的陨石落到地球上,同样,有人认为因小行星的撞击而从地球"飞溅出去的"岩石有时也必定会到达火星。

可以想见,地球上的生命孢子本身就有可能是由火星陨石携带过来的——反之也是如此,生命孢子也可能被从地球上带到火星。阿德莱德大学的保罗·戴维斯教授指出:

"对地球上的生命来说,火星并不是一个特别有利于生存的地方……然而,地球上发现的一些细菌物种依然能够在火星上生存下来……如果生命在以往遥远的年代里曾在火星上牢牢地扎根和发展,那么,当其生存条件逐步恶化的时候,生命也就有可能逐步地适应其更为严酷的环境。"

火星上到底有没有生命?也许,直到人类的脚印踏上火星之前,它永远不会有一个明确的答案……

木　星

　　木星和它的 18 个行星，在太阳系中自成一个体系，科学家称之为"小太阳系"。科学家指出，木星现在已经相当庞大了，但它还在继续增大膨胀之中。

　　太阳系之中最大的行星，毫无疑问的是木星！

　　木星和土星属于巨行星，质量和体积都相当庞大。木星的直径是地球的 11 倍。体积相当于 1316 个地球，重量要比太阳系中其他七大行星加在一起还大一倍多。

　　木星沿椭圆形轨道绕太阳运转，距离太阳平均约 7 亿千米，公转速度每秒 13.06 千米，公转一周是地球上的 11.8 年，自转一周则是 9 时 50 分 30 秒，是九大行星中自转速度最快的星球。

　　木星呈扁圆形，外面被白色、橙色、褐色、棕色的云层包裹着，有一个很大的红斑时隐时现。

　　这个大红斑到底是什么，又是怎样形成的，在太空探测器未实地勘查之前，一直是个未解之谜。

　　20 世纪 70 年代以来，美国曾经发射四艘太空飞船——"先锋号"、"旅行者号"飞过木星，拍摄了几万张空照图片，科学家仔细分析这些资料后，发现了木星的许多秘密。

　　过去，科学家只知道土星和天王星外表有光环，看了彩色空照图片和分析数据后，惊奇地发现木星外表也有光环。这个新发现，使木星成

为太阳系中第 3 个发现光环的行星。

木星的光环宽达数千千米,厚 30 多千米,距离木星的中心大约 12.8 万千米。

科学家指出,这个光环由黑色的碎石块组成,石块有大有小,大的直径数百米,小的直径十几米。这些石块围绕着木星运转,每 7 个小时转完一圈。

木星的大气里有两种与赤道平行的云带,一种是白色偏黄色的云带,比较明亮;另一种是红棕色云带,色泽比较阴暗。从木星的南极到北极,总共有 17 条云带,相当绚丽壮观。

科学家根据"先锋号"太空船观测推定,白色偏黄色的云带,温度为-144℃,位于大气的上层,是木星内部的加热气体上升后冷却凝结而成的氨结晶。至于红棕色云带的温度为-137℃,可能是下降气流,成分则是硫酸氢铵结晶。

"先锋号"太空船所拍摄的彩色空照图片显现,木星的云层很美丽,有白色的,橙色的,也有棕黄色的,可说是五彩缤纷。

木星云层中还漂浮着一些奇特的斑点,最明显的是像眼睛那样的"大红斑",早在 1665 年,意大利天文学家卡西尼就已经发现这种忽隐忽现奇怪斑点。

大红斑的大小、形状、颜色不断在变化,颜色有时是粉红色,有时又是深红色的,有时则是鲜艳的橙色。

这个令科学家百思不解的大红斑究竟是什么东西呢?直到"旅行者号"太空船飞经木星附近进行探测后,这个谜题才真相大白。原来,它是木星大气中的一个大漩涡,以逆时针方向转动,就像地球上的台风一样,但是它的规模要比台风大出许多倍,持续时间也长得多。

过去,科学家们曾经猜测,木星是一个与地球完全不同的气态行星。经过太空船探测结果显示,木星果然是个液氢球体,表面没有固体的外壳,是一层厚 1000 千米的大气,在 900 米深处,温度 0~100℃之间,压力 4.5~10 个大气压。在 1000 千米~2.5 万千米深处,为液氢热,温度逐步升高到 11000℃,大气压逐步升高到 300 万度,氢气被压缩成液氢。在 25000~36000 千米深处是金属氢,在这里分子状态的氢在高压下变成原子状态,电子变成自由电子,成为金属氢。

到了木星中心处,是固态岩芯,半径约 1 万千米。

液态金属氢的高速旋转和强烈的对流使木星产生强大的磁场,强度是地球磁场的 17000 倍。

木星还有强烈的辐射和相当于数百万次闪电那样巨大能量的爆发。来自太阳风的带电粒子被木星的磁场所捕获,形成与地球的范·艾伦带相同的内外两层的辐射带。太空探测器曾在木星背向太阳的一面,发现 3 万千米长的北极光,这是太阳系的行星中除地球外,迄今发现的唯一的北极光。科学家解释说,这意味着木星的大气被许多能量粒子轰击,进而使大气发光。

木星和它的 18 个卫星,在太阳系中自成一个体系,科学家称之为"小太阳系"。

科学家指出,木星现在已经相当庞大了,但它还在继续增大膨胀之中。原因在于,太阳抛射出去的粒子流,绝大部分都被木星捕获,木星因而越变越大了。

科学家还发现,木星放射出来的能量明显多于它从太阳吸收的能量,因而认为木星的内部具有热核能源。

一些科学家还预测,木星不仅仅是个行星,将来可能发展成恒星,使现在的太阳系一分为二,成为两个恒星系。

18 颗卫星绕着木星运行,有时被遮于木星后面,有时在木星面前掠过;有时落进木星的影子里,有时卫星的影子投射到木星上。

太空船针对木星四颗较大的卫星进行摄影探测的结果,也发现了

许多前所未见的景象。

例如,木卫一全部由岩石组成,体积比月球稍大,上面至少有六座活火山,有几处火山正在爆发,以每小时1600千米的速度向外喷射着,浓厚的烟尘上升到500千米的高空,远比地球上的火山爆发规模庞大许多! 这是科学家在地球以外的星球第一次发现火山爆发。

太空船还发现木卫一具有薄的电离层,这意味着它的表面有大气存在。而在一些峡谷中,蜿蜒着一条条血红色的"河流",夹杂着一些黑色、黄色的斑点,两侧镶着橘红色的宽边。原来,这是液态硫随着木卫1表面温度的变化变幻着颜色,时面红色,时而黑色、黄色。

太空船发现,木卫二也全部由岩石组成,不过地势平坦,表面被冰层所覆盖,是个明亮的星球,表面有一些淡黄色的暗区和黑褐色的条纹,卫星内的自由水分在表面以下形成一个厚约50千米的冰冻层,有时也会露出表面。

木卫三的中心有一个固态泥芯,表面有高地,由一个冰冻层包围着。

木卫四外表呈黄色,有些褐色的暗区和黑褐色的暗纹,是由冰、碎土和石块混合而成,遍布同心环式的盆地和环状山,科学家推测,这是火山喷发和陨星撞击所致。木卫1等4颗大卫星与木星之间的距离,由近而远分别为42万、67万100万和190万千米,随着离木星的距离增大,卫星受到木星的辐射热减少,水分蒸发降低,比重变小,由原始星云形成卫星的过程变慢。这说明了木卫一等4颗卫星形成的阶段不相同。

土　星

　　"旅行者号"从十多万米高空掠过土星时,发回了成千上万张辨认率极高的彩色照片,其中关于光环的新发现,使科学家们大吃一惊。

　　西方人称土星为"萨都纳",是希腊神话中的农业神。

　　土星与木星一样,也是一个液氢球体,中心则是岩石核心。

　　由于自身的重力作用,氢的状态由外部的气态变化为液态分子和液态金属。

　　土星有着美丽的光环,可说是太阳系中的一大奇观。

　　早在 1610 年,伽利略用望远镜观测土星时,就惊奇地发现土星旁边有两个模糊的"附着物"却不明白究竟是什么东西。

　　到了 1655 年,荷兰天文学家惠更斯用倍率更高的望远镜进行观测,才看出伽利略所说的附着物原来是个无与伦比的光环。

　　土星是太阳系中第二大行星,直径 12 万千米,体积是地球的 345 倍,但它的质量只有地球的 95 倍,是九大行星中密度最小的行星,其密度仅为 0.7 克/厘米,比水的密度还轻。

　　如果哪里有一个大海洋能盛得下土星的话,它就会自在地漂浮在水面上。土星拥有的卫星数堪称第一,这得归功于探测器。在探测器飞掠土星之前,我们只知道土星有 9 颗卫星,是它们又为土星增加了至少13 颗卫星。

　　除了提供土星光环的新消息之外,行星探测器还取得了不少其他成果。比如，它告诉我们，土星大气既丰富多彩又极为复杂。土星大气的主要成分是氢和氦，并含有少量的甲烷和其他气体。云层中也有像木星那样的带状结构，呈棕黄色、黄色或橘红色，它们比木星云带中的条纹结构更为规则，但色彩的鲜艳程度比不上木星。大气中有时也出现一些颜色灰暗的卵形物，大小相当于地球直径或更大些。

土星大气中没有像土星那样的大红斑，但有时却出现一些白色的斑块——白斑。历史上很著名的一次白斑是在1933年8月发现的。有趣的是，发现者是英国的一位戏剧演员，这位业余天文爱好者用的是一架很不起眼的小型望远镜。这块白斑是椭圆形状，长度大致是土星直径的五分之一，即超过2万千米。开始时，这块白斑出现在赤道附近，后来逐渐扩大，最大时几乎扩展到了整个赤道带。由此可见，土星大气层也像木星那样，气浪翻滚，风云迭起，气象万千，在规模上则比木星上的要小，但比我们地球上的风云变幻要大得多、剧烈得多。

土星表面总的说来是寒冷多风，尤其是在北半球高纬度地区，那里经常出现强劲的风暴。

比较而言，土星赤道附近的一些地区显然要平静得多，但有时也会刮起时速达1800千米的特大"台风"。

"先驱者11号"发现了土星大气高层的电离层，主要由电离氢组成。按理说，与地球和木星一样，土星极区上空也该有极光发生，令人纳闷的是好几个探测器先后经过土星附近时，都没有发现极光。该探测器还在离土星130万千米的空间发现了土星磁场，土星磁场比木星的要小，也没有木星磁场那么复杂，但比地球磁场要大上千倍。令人感兴趣的是土星磁场的形状，它并不对称，而是像一条在宇宙空间海洋中畅游的大"鲸鱼"，它前面有"笨拙"的"大鼻子"，"身子"两侧伸出了有点像是扇子形状的"翅膀"，后面则拖着一条长长的尾巴。与地球、水星、木星磁场不同的是土星的磁轴与自转轴是重合在一起的。

土星也存在辐射带，其辐射强度比不上木星，这比较容易理解，但连地球辐射带也还比不上，似乎就有点奇怪了。

探测器还证实了土星和木星一样，所发出的能量是从太阳得到的能最大的 2.5 倍，表明它有自己的内在能源。

土星浓密的大气为我们提供了许多新信息，但同时也阻碍了我们直接看到它的表面。先后飞掠土星的 3 个行星探测器使我们对土星的认识大大地深化了一步，不可否认的是，时至今日我们对土星的认识，包括它的环和表面等仍知之不多。

天王星

　　18世纪、19世纪和20世纪，各发现了太阳系的一颗大行星，而且它们离太阳的距离一颗比一颗远，平均距离分别约19天文单位、30天文单位和40天文单位。它们就是我们现在所知道的太阳系中最远的3颗大行星：天王星、海王星和冥王星。

　　如果说，发现它们很不容易，那么，研究它们也是相当困难的，因为它们离我们是遥远的，传递给我们的信息不多。

　　天王星的发现完全是偶然的，是"意外"收获。但从太阳系天体发现史的角度来看，这也是必然的，事情发展到了一定的时候，条件成熟了，再加上机遇，发现或者发明就是必然的了。至于是哪一位来发现它或者完成此项发明，那是另外的问题了。对于赫歇耳兄妹来说，那绝不是件侥幸的事，如果缺乏丰富的天文知识或者没有他们的勤奋观测，发现天王星肯定是不可能的。

　　就在天王星被发现之后不太久，好几位天文学家各自独立地推算出了它的一些基本情况，如距离、公转周期等等。天王星与太阳之间的平均距离是19.1天文单位，约29亿千米；公转周期约84年，直径约5.2万千米；质量为地球的14.6倍。

　　直到20世纪80年代，根据行星探测器所提供的资料，它的自转周期被比较精确地定为16.8小时。各行星的自转轴，一般都与公转轨道轴相差一个不大的角度，对地球来说，这个角度是23°半不到，天王星的这个相应角度却是 98°,或者说它不像地球那样"斜"着身子绕太阳运动,而是"躺"在自己的轨道上自转和公转。已知天王星有 15 颗卫星。

到目前为止,只有一个探测器对天王星进行过"现场"考察,它就是"旅行者 2 号",它从离天王星约 10 万千米的空间飞掠而过,获得的信息比过去 200 年中所得到的全部知识还多得多。天王星大气的主要成分是氢和氦,令人感兴趣的是高层大气的温度比原先预料的要高得多。

探测器还告诉我们,处在黑暗中的天王星极的温度,反而比被太阳照射着的那个极的温度还要高一些。可说是件令人捉摸不透的新鲜事。天文学家还没有对这种现象做出满意的解释。

过去认为天王星不一定有磁场,即使有的话,一定也只是个微弱的磁场。探测器却发现它的磁场不算太弱,大致相当于地磁场强度的 1/10。比较别致的是它的磁场是"扭曲"的,即磁轴与自转轴的交角达 58°之多,这一点与其他行星的磁场有很大的不同。

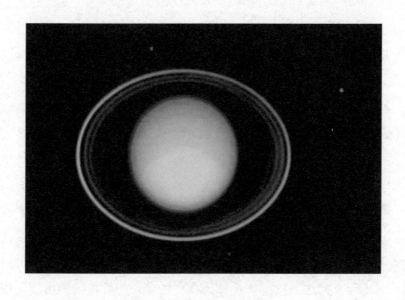

海王星

　　科学家对隐身在宝瓶座的海王星这颗遥远的星球很感兴趣，一方面是过去对它了解甚少，另一方面是相信，研究海王星有利于探讨太阳系各行星的起源。

　　自从 1781 年威廉·赫歇尔发现天王星以后，科学家们便察觉天王星的运转方式有点怪异，而且它的位置总是与牛顿万有引力计算的结果不一样。因此，科学家大胆推测，天王星之外必定还有一颗尚未露面的行星用它的吸引力拖住了天王星。

　　100 多年前，还在英国剑桥大学就读的天文学家亚当斯，对这个疑问进行研究，他认定天王星以外还有一颗还没有发现的大行星，搞乱了天王星的运转模式，他花了两年时间，终于在 1845 年 9 月计算出它的轨道。

　　亚当斯拿着计算结果，请求与格林威治天文台台长艾里进行讨论，可是，艾里对他的计算结果表示怀疑，把他的资料丢进抽屉里。

　　与此同时，一位年轻的法国科学家勒维列也独自默默地钻研这个难题，进行计算和研究。

　　勒维列也花了两年多时间，写出一份研究报告，分别寄给欧洲各国著名的天文学家，还写信给欧洲一些主要的天文台，请求他们仔细在宝瓶星座中寻找这颗隐藏的行星。

　　1846 年 9 月 23 日，德国柏林天文台的台长加勒接到勒维列信件的第二天，立即把望远镜指向宝瓶座星空，果然在勒维列预言的位置附近，找到了一颗星图上没有记载的星星，它就是淘王星。

当时，格林威治天文台台长艾里也收到一份研究报告，看完后大吃一惊，原来，勒维列的计算结果竟然与亚当斯的一模一样，但他错过了发现的机会。

对于这项天文学的重大发现，当时有人想把这颗撕星以"勒维列"来命名，以表彰他的功绩，可是，勒维列非常谦虚，建议还是沿用过去以希腊、罗马神话人物为新星命名的习惯。最后，天文学家根据古罗马神话中有个统治水晶宫的海王奈普顿来命名，就叫它海王星。

海王星的发现，不但印证了牛顿的万有引力定律，并且使哥白尼的太阳系学说从假说上升为真理。

科学家计算出，海王星与太阳的平均距离约 44.96 亿千米，是地球到太阳距离的 30 倍。海王星接收到太阳的光和热，只有地球的 1%，表面覆盖着绵延几千千米厚的冰层，外面则围绕着浓密的大气，成分主要是氢、氦和甲烷，大气压力为地球的 100 倍。

海王星的直径 49500 千米，是地球的 3.88 倍；体积有 57 个地球那么大，不过质量只有地球的 17 倍多，平均密度相当小。

海王星以每秒 5.43 千米的速度绕着太阳公转，公转一周等于地球上的 164.8 年，自转一周则是 24 小时左右。尽管海王星是一个寒冷而荒凉的星球，不过，科学家推测它的内部有着热源。科学家对这颗遥远的星球很感兴趣，一方面是过去对它了解甚少，另一方面是相信，研究海王星有利于探讨太阳系各行星的起源。

1989 年 8 月 24.日，已经在太空遨游了 12 年、飞行里程达 72 亿千米的"旅行者 2 号"飞临距海王星 4827 千米的上空，不断地拍摄照片，4 个多小时后它给地球上传回上万张的彩色照片，使得科学家对海王星有更进一步的认识。

根据"旅行者 2 号"发回的照片显示,海王星有 5 条光环,其中 2 条比较明亮。这是太阳系中继土星、木星、天王星以后,发现的第 4 颗有着光环的行星。

"旅行者 2 号"在海王星的南极附近发现了两条巨大的黑色云带,宽约 4345 千米,还发现一块大黑斑,几乎有地球那么大。

海王星也有磁场和美丽的极光,此外,它的大气中含有冰冻的碳氢化合物气体,大气层动荡不定,有巨大的气旋,气旋过后是一连串的风暴,时速达 640 千米。

"旅行者 2 号"还发现了海王星的上空有云彩与烟雾,科学家推测这是甲烷受到太阳光照射而产生的。

天文学家分别于 1846 年和 1949 年发现海王星的 2 个卫星,"旅行者 2 号"探测之后又新发现了 6 个卫星,也就是说,目前为止,海王星的周围有 8 个卫星在绕着它转圈。英国天文学家约翰·梅森推测说,海王星可能有 14 至 16 个卫星;这个假设能否证实,有待太空探测器进一步勘查。

"旅行者 2 号"特地探测了海王星最大的卫星——海卫一,它比天文学家原先想像的还要亮、冷、小,表面有几座曾喷出过冷熔岩的"冰火山",有的还是活火山,会喷出高达 32 公里的冰氮微粒。在太阳系发现冰火山,这还是第一次。

海卫一的周围有个大气层,主要成分是氮。它不时在下大雪,星球上覆盖着冰雪,表面温度低到 $-240℃$,接近绝对零度,是太阳系中已知的最冷的天体。

冥王星

冥王星上的白昼与地球上的白天完全不同，只有当它走到近日点附近时，才能看到较大的圆形太阳，其他时候，太阳只是黝黑天空中一个最明亮的光点。

冥王星的发现，比太阳系的其他行星都晚。20世纪30年代前，天文学家们还不知道它的存在。

科学家分析了天王星和海王星的运转情形后，发现它们的运转轨道有所偏离，因而推测在海王星之外可能还有一颗未发现的行星，但是经过多年的搜寻，一直没有新发现。

1930年1月21日，美国青年天文学家汤伯制造了一架专门的望远镜，终于在双子星座里找到了太阳系的又一颗行星。科学家认为这颗行星的处境，与希腊神话中地府之神——冥王普鲁托独自居住的地下宫殿颇为相似，因此命名为冥王星。

冥王星距离太阳相当遥远，有59.46亿千米，是地球到太阳距离的39倍多。冥土星接收到太阳的光和热，只有地球的1/500，外观暗淡而冷森，只有用大望远镜才能观测到。

冥王星自转一周为3天9小时，公转速度为每秒4.74千米，绕行太阳一周等于地球上的247.9年，它的运行轨道是扁长的，不同于其他行星。

这个独自徘徊在太阳系一隅的行星，在世界最大的望远镜拍摄的照片上,像颗小米粒般又小又暗,关于它的实际情况,还有待太空探测器进一步探索。

冥王星的轨道倾角达 17 度 10 分,偏心率大得出奇,近日点只有 44 亿千米,比海王星还近一些;远日点离太阳的距离增加到 74 亿千米,两者相差 30 亿千米。

由于冥王星距离太阳太过遥远,受到太阳的光和热很少,使它成为一片永恒的冰冻世界。即使在太阳当头的中午时分,表面温度也只有-223℃,而当夜幕降临时,却可以低到-253℃!

科学家形容,在这么低的温度下,许多物质的性质都会出现奇怪的变化,例如金属锡会酥得像一堆香灰,皮球比玻璃还脆,水银比钢铁还硬,鸡蛋落地后会弹跳起来……

对天文学家而言,冥王星的大小、质量和平均密度一直是个谜。

最初,科学家经由天王星、海王星运动情形,估算冥王星的质量为地球的 80%,直径为 6400 千米,约为地球直径的一半,但是估算之后发现,它的平均密度居然比地球最重的元素锇还大 1/2,科学家对此感到困惑不解。

1971 年,天文学家对冥王星重新测定,得到它的质量为地球的 11%,直径为 5822 千米,平均密度为 6.5 克/立方厘米。

对于这样的结果,天文学家正感到左右为难的时候,传来了冥王星新发现的消息。

1978 年,美国海军天文台的克里斯蒂发现,冥王星旁有一颗卫星绕转,便将它命名为"查龙"。查龙是希腊神话中的一个船夫,终年在冥河中引渡鬼魂到地狱。"查龙"不仅受到克里斯蒂的青睐,也颇受天文学家的关注,"查龙"无异于一把"金钥匙",可以揭开冥王星的一些谜团。

"查龙"的直径为 850 千米,高度在距离冥王星赤道 17650 千米的高空。从它运动的资料中,科学家算出冥王星的质量相当地球质量的

0.0024，亦即 1400 亿亿吨，连水星也要比它重 20 多倍。冥王星直径为 2700 千米，和地球的卫星月球相比，也还不到月球的 1/3。

冥王星也是表面引力较小的行星，在冥王星上称物体的重，只有地球上物体重量的 1/20。

冥王星是个冰冻星球，除水冰外，还有干冰、氨冰、甲烷冰，仿佛是一个冷酷无情的"冥府世界"。冥王星表面上有一层稀薄的大气，主要成分是甲烷，大气密度只有地球的 1/300。

1982 年，在美国堪萨斯州立大学任教的地质学家华尔达斯提出冥王星的最新理论。他说，距离冥王星 19000 千米处有二光点，天文学家认为它是一颗卫星，这种说法值得怀疑。华尔达斯指出这可能是冥王星的一部分，是冥王星上的一片甲烷雪块，而不是卫星。如果这种判断能够经由太空探测器印证的话，那冥王星将不是太阳系中最小的行星，而是第五大行星。

此外，不久之前，美国某些物理学家和天文学家提出了一个全新的看法，认为天王星和海王星并不像一些科学家所说的那样覆盖冻结的甲烷。他们认为，这两颗行星上的温度和压力极高，可能使碳转变成金刚石，覆盖着表面，数量很可观，而冥王星极可能和天王星、海王星相似。

科学家指出，冥王星上的景观相当奇特，有持续甚久的漫漫长夜和连绵不绝的白昼。冥王星上的白昼与地球上的完全不同，只有当它走到近日点附近时，才能看到较大的圆形太阳，其他时候，太阳只是黝黑天空中一个最明亮的光点。

可是，它的卫星"查龙"却相当于地球上看到的月亮的 25 倍，而光亮只有月亮的 1/10。"查龙"虽然也有圆缺的变化，却在天空中一动也不动。在冥王星不同的地点看"查龙"，它的高度不一样，位置也不同，也有些地方甚至长年无法看到呢！

冥王星深居太阳系的边陲。但在 1979 年后的 20 年间,由于它正位于近日点,距离太阳比海王星还近,因此"先驱者号"、"旅行者号"在越过海王星后,就直奔浩瀚无际的银河系空间,没有传来有关冥王星的信息,关于它的谜团至今没有解开。

曾经被认为是"九大行星"之一的冥王星于 2006 年 8 月 24 日被定义为"矮行星"。

地球的形成

关心我们这个地球,并热爱它的人,难免会提出这样的问题:我们生活的这个地球是如何形成的?具有了一定科学知识的当代人,当然不会满足上帝"创世说"这样的答案。

实际上,早在 18 世纪,法国生物学家布封就以他的彗星碰撞说打破了神学的禁锢。然而,人们也许还不知道,随着科学的进步,关于地球成因的学说已多达十多种,它们主要是:

(1)彗星碰撞说。认为很久很久以前,一颗彗星进入太阳内,从太阳上面打下了包括地球在内的几个不同行星(1749 年)。

(2)陨星说。认为陨星积聚形成太阳和行星(1755 年,康德在《宇宙发展史概论》中提出的)。

(3)宇宙星云说。1796 年,法国拉普拉斯在《宇宙体系论》中提出。认为星云(尘埃)积聚,产生太阳,太阳排出气体物质而形成行星。

(4)双星说。认为除太阳之外,曾经有过第二颗恒星,行星都是由这颗恒星产生的。

(5)行星平面说。认为所有的行星都在一个平面上绕太阳转,因而太阳系才能由原始的星云盘而产生。

(6)卫星说。认为海王星、地球和土星的卫星大小大体相等,也可能存在过数百个同月球一样大的天体,它们构成了太阳系,而我们已知的卫星则是被遗留下来的"未被利用的"材料。

在以上众多的学说当中，康德的陨星假说与拉普拉斯的宇宙星云说，虽然在具体说法上有所不同，但二者都认为太阳系起源于弥漫物质(星云)。因此，后来把这个假说统称为康德—拉普拉斯假说，而被相当多的科学家所认可。

但随着科学的发展，人们发现"星云假说"也暴露了不少不能自圆其说的新问题。如逆行卫星和角动量分布异常问题。根据天文学家观察到的事实：在太阳系的系统内，太阳本身质量占太阳系总质量的99.87%，角动量只占0.73%；而其他行星及所有的卫星、彗星、流星群等总共只占太阳系总质量的0.13%，但它们的角动量却占99.27%。这个奇特现象，天文学上称为太阳系角动量分布异常问题。星云说对产生这种分布异常的原因"束手无策"。

另外，现代宇航科学发现越来越多的太空星体互相碰撞的现象，1979年8月30日美国的一颗卫星P78—1拍摄到了一个罕见的现象。一颗彗星以每秒560千米的高速，一头栽入了太阳的烈焰中。照片清晰地记录了彗星冲向太阳被吞噬的情景，12小时以后，彗星就无影无踪了。

1887年，也发生了一次"太空车祸"，人们观测到一颗彗星在行经近日点时，彗星被太阳吞噬；1945年，也有一颗彗星在近日点"失踪"。

前苏联天文学家沙弗洛诺夫还认为，地球所以侧着身子围绕太阳转，是地球形成1亿年后被一颗直径1000千米、重达10亿吨的小行星撞斜的……

既然宇宙间存在天体相撞的事实，那么，布封的"彗星碰撞"说的可能性依然存在，于是新的灾变说应运而生。

今天，地球起源的学说层出不穷，但地球是怎样形成的，仍是一个谜。

月球的起源

关于月球究竟来自何方?它到底是怎样形成的?一直作为一个谜而留在人们心间。因和其他卫星相比,月球有好多奇异之处,让人难以理解。

(1)分裂说。月球起源是个还没有解决的问题,存在好些假说。其中的一类被称为"分裂说",认为月球是从地球分裂出去的。据称,在地球历史的早期,地球还处在熔融状态,自转得特别快,每4个小时左右就自转一周。地球赤道部分的物质逐渐隆起,由小而大,越来越大,也越来越高, 最后终于脱离地球而被抛了开去;成为独立于地球之外的物质团。此物质团后来逐步冷却并凝聚成为月球,有人甚至认为,月球从地球分裂出去时,在地球上留下的"伤疤",就是现在的太平洋。

这确实是个很巧妙的构思,很引人入胜,可是它遇到了一些难以解释的困惑。

没有任何证据表明地球自转曾经达到过那么"疯狂"的程度。

从地球赤道被抛射出去的物质,由它凝聚成的月球,其绕地球运行的轨道应该是基本上在地球的赤道平面内,相差不会很大;现在的实际情况则是,月球绕地球运动的轨道与地球赤道之间相差颇大。

月球如果真的是从地球分裂出去的话,它的化学成分、密度等都应该与地球一致或差不多,可是事实上不是这样。譬如说:月球上的铝、钙等化学元素比地球上多得多,而镁、铁等则要少得多;地球的平均密度

163

为 5.52 克/立方厘米，月球的平均密度却只有 3.34 克/立方厘米。

(2)俘获说。"俘获说"是关于月球起源的另一种假说。假说的大意是这样的：月球原来的"身份"可能是环绕太阳运行的小行星，由于某种我们还不清楚的原因，它仍然接近地球，地球的引力"强迫"它脱离原来的轨道并把它俘获，成为自己的卫星。有人还提出这样的概念：这次俘获的宇宙事件，大致发生在离现在 35 亿年之前，俘获事件也不是一朝一夕就完成的，全过程经历了约 5 亿年。

"俘获说"设想月球原来是太阳系内的一颗小行星，有它自己的运行轨道，这样的话，月球的化学成分与地球的不同，密度有差异，它的公转轨道与地球的赤道平面不一致，这些就都没有什么问题了。

不过，"俘获说"也有难以自圆其说之处。科学家们指出：一个天体俘获另外一个天体的可能性是有的，只是这种机会实在是太少太少了。即使发生这种情况，那也应该是一个很大的天体俘获一个小得多的天体。地球的质量是月球的 81 倍，想要俘获像月球那么大的一个天体，那是远远不够的。说得明白一点，地球是不可能把月球那么大的一颗小行星俘获来作为自己的卫星的，至多也只能改变一下那颗小行星的轨道罢了。

(3)同源说。这里说的"同源"，指的是月球和地球是从同一块原始太阳星云演变而形成的，这是关于月球起源的又一种假说。那么，如何解释月球与地球在物质成分、密度等方面的差异呢？

主张"同源说"的人认为：形成月球和地球的物质虽是在同一个星云中，但两者形成的时间不同，地球在先，月球在后。原始太阳星云演化和发展到一定阶段时，由于尘埃云里面的金属粒子等物质已开始凝集和部分地集中，在地球和其他行星形成时，很自然地吸积了相当数量的铁和其他金属成分，并以此为其核心的主要物质。月球的情况则与地球不同，那时，原始太阳星云中的金属成分已大为减少，它只能吸取残余在地球周围的少量金属物质,因而主要是由非金属物质凝聚而形成。在这种情况下,月球物质密度还不到地球的2/3,那是理所当然的。

"同源说"与"分裂说"和"俘获说"一样,都能在一定程度上或多或少地解释月球的成分、密度、结构、轨道等基本事实,但都存在些需要认真予以解决的难题。

(4)第四种假说是宇宙飞船说。这是由前苏联两位科学家瓦西里和谢尔巴科夫于1957年提出来的。该学说的提出远早于首次阿波罗载人登月(1969年7月21日)。他们认为,月球是宇宙中彼岸某角落中的一颗小天体,被外星人改造后,操纵着它来到地球身边,利用地球的引力再加上月球的人为原动力而固定在现有的轨道上。但为什么外星人将月球进行改造后,再送到地球身旁,是什么目的?前苏联两位科学家并未详说。在后来的UFO研究者认为,原来外星人将月球弄到地球身边来是控制地球不变轨,以保证太阳系的相对稳定。

月球的各种奇异特性,奇特的天文参数,空心、坚硬的外壳,月海金属,古老岩山等等,后来"阿波罗"载人登月探得的各种结果,都是否定前三种假说而有利于第四种假说。尽管第四种假说初听起来有点像天方夜谭。然而,科学和认识是无穷尽的,宇宙奥妙也是高深莫测的,不能因我们眼光的狭窄和认识上的肤浅无知,就将科学真理视为迷信或邪说。地心说和日心说的经历不是最有力地说明此问题吗!月球,确实是一个神秘的世界,它上面的UFO现象,奇特的表现,确实给科学家们出了一道难解的谜题。这正如著名法国作家维克多·雨果曾用这样的语言描绘月球———"月球是梦的王国,幻想的王国"。

对科学家们来说,月球当然也是一个充满梦幻的世界。科学家们推测,月球不仅是开启地球以及众多宇宙之谜大门的钥匙,也是开启太阳系起源之谜大门的钥匙。那些待解之谜在人类登上月球之前就存在了不知多少岁月,直到今天,我们对月球的认识在天文学上仍无明显的进展,反而使科学家们陷入更深的困惑之中。的确,比起实施"阿波罗计划"之间——无论是月球的起源及其自然环境,还是其构成——纵横交织在科学家面前的谜团,像难理的乱麻,现在更见头绪纷繁。但是,如果再结合 UFO 学的研究,结合考古学的研究,实行多学科联合攻关,相信月球之谜不久必将真相大白。总的来说,月球是被"操纵着"进入地球轨道的结论则更有说服力。如果再与碰撞说联系,能否可以想象月球当初被操纵进入月球轨道时不慎与地球擦边而过,最后才调整到现在这种轨道上。如果是这样,后一种假说都有一定道理了。真相如何?还需再探,还需拿到更多的证据。

月球起源新说包括"分裂说"、"俘获说"和"同源说"在内,关于月球起源的假说至少也有好几十种。尽管如此,科学家们仍然希望有更能说明问题的新假说提出来,因为像月球起源那样复杂的问题,牵涉到许多学科和很多方面,而新的假说可以作为我们研究问题的新的出发点,往往会给我们新的启示和新的线索,使我们对问题的认识更加深入、更加全面。

有关月球起源的一种新假说的主要观点是这样的:

月球原是环绕太阳运行的一颗小行星,一次偶然的机会使它不仅走向地球,而且与地球相撞。被撞"飞"的地球物质脱离地球,最后凝聚成为月球。在这次史无前例的猛烈撞击之前,组成地球的大部分铁和重元素,早已经沉落到地层的深处乃至核心,因此那些被撞"飞"的物质,主要是比较轻的元素。对地球来说,这次撞击带来的是地球的赤道被一下子撞"弯"了,而那些被撞出来的物质却仍然是在原先的位置上。这就能解释为什么月球不是在地球赤道平面内绕地球转的缘故。

要解决月球究竟是从哪里来的这么一个很重要的问题,看来还需要做大量的探讨和研究工作,不大可能在比较短的时期内获得比较彻底地解决。

月亮不是"独生女"。为什么地球不像木星、土星那样有庞大的卫星系统?即使比不上巨行星,可为什么还比不上比它小得多的火星?火星尚且有两颗卫星呢!

一些科学家也为此"不平"。他们认为,地球当初可能有过许多卫星。主张"俘获说"的阿尔文就是其中之一。他认为,在地球抓获月球之前,月球自己也是"子女"成群,有十来颗较小的卫星在周围绕转,可是当月球被地球俘虏之后,它在绕地球运动的过程中对这些原来的小卫星进行了"扫荡",把它们一个个鲸吞殆尽。这些小卫星落入月球之内,变成一个个至今尚在的"月瘤"。

阿尔文的观点是否正确,目前很难下结论,因为7亿年前的地球及地球的天空状况,是不易找到观测依据的。何况,阿尔文提出的"俘获说",本身还有待于继续论证呢。

20世纪80年代,英国天文学家琼斯·朗库恩旧话重叙,提出了类似的观点:认为在数十亿年前,地球虽然只有月球一颗卫星,但月球本身并不孤单寂寞,因为它自己也有"子女",大约有十来颗绕月球旋转的小天体。对于这种卫星的卫星,天文学家们还没有适当的名称来称呼它,所以这儿姑且称之为"小卫星"。朗库恩认为,这些"小卫星"的直径在30千米以上,但由于它们的轨道并不稳定,所以在距今42~38亿年间,一个个坠落到月面上,形成了一个个月海。小卫星的陨落使月球摇晃起来,当它再回到平衡状态时,自转轴就会有一定的变化。有趣的是,他的这种观点,从登月者取回的月岩研究中得到了一定的证实。

其实我们只要把"月亮"的概念稍稍扩大,不限定一定要是"冰清玉洁"的月轮这个球形的天体,那地球确实不止一颗卫星,而是有三个。其中另两个"月亮"不易见到,因为它们不过是两大团气体。它们与"脱罗央小行星"一样,与月球、地球构成了两个等边三角形:一个在月球前60°,一个在月球后60°,都处于"平动点"上。

这两个气体卫星是波兰天文学家科尔杰列夫斯基在1956年发现

的。因为它们十分稀薄，所以只有到高山上，大气相当透明的情况下，才可见到两块朦胧的、微微发光的光斑。角直径不过几度。由于不易观测，所以，人们对它们的了解很少，连质量也没有测出呢！

这两个"气体月亮"以后会不会如几十亿年前的行星、卫星演化那样，慢慢收缩、凝聚成真正的小月球呢？从目前的条件看来，基本上没有这种可能了，因为当年促进行星、卫星形成的条件早已不复存在，至少那些用来形成星体的"原材料"已经寥寥无几，再也凝聚不起来了。这真像当初几百万年之前，猿类会逐渐演化为人，但今天的猩猩却永远不会再脱离动物界，其间的道理是一样的。

20世纪90年代之后，随着计算机科学的神奇发展，不少科学家已可用来做太古时代的模拟试验。1997年，日本东京大学和美国科罗拉等大学的研究人员通过几年的协力攻关，终于合作开发出了一种模拟"大碰撞"演化过程的计算程序。这样他们已可以让人们在荧屏上目睹四十多亿年。前发生的那次严重"交通事故"的演变全过程。

他们仔细地调整各种初始条件，如碰撞的那个大星子的质量，当初的相对速度、碰撞的角度……不厌其烦地试验了27次，每一次都显示出地球在碰撞过程中所经受的磨难，相当多的物质与粉碎的星子在地球周围不断弥散开来，慢慢地形成一个绕地球的由气体、尘埃及碎块组成的环带——就像现在见到的土星光环那样，这以后则是凝聚为月球的过程，但研究人员惊讶地发现，有时最后形成的月球却是2个，它们一大一小，一近一远，相映成趣。而出现这种状况的可能性在1/3以上。当然最后的结果还是殊途同归，计算机告诉人们，这种"双月奇观"只有短短几百年时间，地球强大的引力使那个小而近的"月球"维持不了多久就会坠落消失。

这种模式的意义还可帮助人们探讨行星光环的起源和演化，因而受到了世界的关注。

月球上的"金字塔"之谜

月球是地球黑夜时的光明使者,那皎洁如玉的月光,笼罩着诗一般的气氛。自古以来,它激发了人们多少美丽的想像。嫦娥奔月、吴刚伐树、玉兔捣药,虽说"高处不胜寒",却也"别有天地开"。然而,当代科学对于月球环境的了解,则会令古人大失所望的:这里是一个极端死寂和干燥的荒凉世界,布满了大大小小的坑穴(环形山);月球表面有日照的地方可达127℃,夜晚则降到-183℃。近年,有关宇宙探测器对于月球秘密的意外发现,使科学家们产生了种种怀疑和推测。

1969年7月至1972年12月,在美国执行"阿波罗"登月计划的过程中,宇航员拍下了一些月面环形山的照片,从这些照片上看,环形山上分明留有人工改造过的痕迹。

例如,在戈克莱纽斯环形山的内部,可以看出有一个直角,每个边长为25千米;在地面及环壁上,还有明显的整修痕迹。更为独特的是有一座环形山,它的边线平滑,过于完整;环内呈几何图形,有仿佛是画出来的平分线,在圆周的几何中心部位,有墙壁及其投影。该山外侧有倾斜的坡面,其形状有如完整的正方形,在正方形内有一个十字,把正方形等分成对称的各部分。

其实,有关川球的多种令人不解现象,在近200年间人类对川球的观测过程中,已被陆续发现。

1821年底,约翰·赫谢尔爵士发现月球上有来历不明的光点。他说,

这光点是同月球一起运动着,因而它绝不可能是什么星星。

1869 年 8 月 7 日,美国伊利诺斯州的斯威夫特教授与欧洲的两位学者希纳斯和森特海叶尔,观察到有一些物体穿越了月球,发现"它们仿佛是以平行直线的队形前进的"。

1867 年被天文学界宣布消失的静海的林奈环形山,在原消失地竟出现了一个白色的直径达 7 千米的奇异光环。有的学者提出,这种情形可能意味着有什么透明物质覆盖了某种基地。

1874 年 4 月 24 日,布拉格的斯切·里克教授,观察到一个闪着白光的不明物体缓缓地穿过了月球,并从那里飞出。

1877 年 11 月 23 日夜晚,英国的克来因博士和在美国的一批天文学家,惊愕地看到一些光点从其他环形山集中到柏拉图环形山中,这些光点穿越了柏拉图环形山的外壁,在山的内部会齐,并且排列成一个巨大的发光三角形,看来很像某种信号的图案。

1910 年 11 月 26 日发生日食时,法国和英国的科学家分别观测到"有一个发光的物体从月球出发","月亮上有一个光斑"。据当年观测者的描述,日食过程中月亮上出现的物体形似现代的火箭。

1953 年 12 月 21 日,英国天文协会月球部主任威尔金斯博士在广播谈话中透露:在月面的危海地区观察到了大量的"圆屋顶";这些半圆形的"建筑物"呈耀眼的白色,它们中最小的直径也有 3 千米。

莫杰维耶夫博士说:"我们完全不明白这是怎么回事,而我们也相信美国方面也和我们一样,无法解释这件事。"

唯一的推测,就是活动在地球之外的超级智能力量在月球上的出现与隐没。更多的线索,可能是为地球上的人们所想像不到的。

围绕地球的卫星——月球所出现的一系列无法解释的现象,科学界中的有识之士已警觉到:地外智能力量正在"使用"我们的月球。

射电星系"密码"

人们费尽心机寻找射电源,接收采自地外的射电辐射,其目的当然不仅在于这些辐射本身,而是希望知道它来自何处,更希望通过对这些"密码"的破译,了解发射射电波的那些天体的性质,只有这样,射电天文学才能逐渐取得与光学天文学可相比拟的地位,才能另辟蹊径,促进天文学的发展。

神秘射电噪声

神秘的射电噪声虽然来自于银河系中心,虽然没有引起科学界的足够反响,但却标志着一个全新学科的诞生。

自从 1887 年和 1888 年赫兹通过实验证实了电磁波的存在并与光有许多共同性后,科学家们就试图发现由太阳发出的尤线电辐射。爱迪生首先提出了这一建议,并且开始做了一些初步的尝试,可惜一直没有成功。1902 年,人们已经认识到高层大气的电离层会反射掉来自外层空间的波长大于 20 米的电磁辐射,因此可能接收的将是波长短一些的电磁辐射,但当时的技术水平还无法接收波长较短的无线电波,研究工作不得不一度中断。

1932 年,美国新泽西州贝尔电话实验室为横跨大洋的无线电电话通讯建造了 30 米直径的天线。工程师央斯基(K.C.Jan-sky)在研究噪声干扰的时候,意外地接收到了来自银河系中心方向的 15 米波长的射电噪声信号,这个消息成了 1933 年 5 月 5 日纽约泰晤士报的头条新闻,同时美国国家广播公司还播放了一段央斯基记录到的噪声,记者把它描绘成类似于暖气漏出蒸气的声音,可惜由于公司反对进一步深究,科学界对这一重大发现也未有足够的反响,央斯基因此停止了进一步的研究。

但是,他的发现标志了一个全新的学科——射电天文学的诞生。所以,人们把他的名字作为射电信号辐射强度的一个基本单位。

寻找射电源

只有找到了射电源来自何处,破译了这些"密码",人类才能另辟蹊径,促进天文学实现更深刻的发展。

射电天文学的诞生和早期的一系列重大发现,曾经激起了人们的强烈兴趣,但是射电源和光学方法观测到的天体之间的不对应却使人们久久不能理解。

实际上,自从 1932 年央斯基发现宇宙射电辐射之后,经过了差不多 20 年之久,射电天文学才真正受到人们的重视和认真对待,早期发展缓慢的原因之一是理论分析的困难。

为了理解射电波所携带的信息的真正含义,必不可少的基础是要了解射电波的辐射机制,即什么样的物体在什么条件下才会发出射电辐射。

大家知道,所有物体都发出热辐射,它包括各种波长的电磁波,在19 世纪末,已经通过精确的实验,研究了黑体辐射的种种性质,如辐射能量随频率或波长的分布、辐射总能量随温度的变化等等,并提出了理论解释。普朗克正是为了克服经典理论的困难而提出了著名的谐振子

能量量子化(能量不连续)假设。

这标志着量子物理的开始,普朗克为此获得了诺贝尔奖。热辐射的特点是:第一,物体温度越高,发出的电磁辐射的"颜色"越"蓝",即能量越向短波方向集中。第二,辐射总能量随着物体温度的升高迅速增大(与绝对温度的四次方成正比)。

按照热辐射的性质,当我们用光学方法观测天体时,能够被我们观测到的天体应具备两个条件:必须发出足够多的能量,其中又必须有足够多的一部分能量在可见光波段,太阳就是满足这两个条件的最近而又最亮的天体。太阳表面温度约为 6000K,它以热辐射形式发出各种波长的电磁波,能量按波长的分布可以画出一条曲线,曲线的峰值在 5.0×10^{-7} 米左右,正是人眼最敏感的光谱区域,这或许并不单纯是一种巧合,换言之,人的眼睛最适合观察的正是太阳及与太阳类似的恒星——表面温度为几千度的发光发亮的恒星,因此,通过眼睛和光学望远镜观察天空的人们,很自然地把他们所观察到的这些恒星构成的星空,认为就是全部星空。

当我们用射电望远镜通过大气的射电窗口观察宇宙时,情况就大不相同了。由于射电波的波长很长(例如为若干厘米),频率很低,因此每一个射电光子的能量是很小的,按照热辐射能量分布随温度变化的规律,只有当天体的温度非常低时,才有可能在射电波段集中地发出大部分能量。像太阳这样的高温恒星,虽也有射电辐射,但所占比例很小,其能量必然是很微弱的。因此,根据热辐射理论,根据通过光学观测所了解的星空,在射电天文学诞生之初,人们估计宇宙中很难出现强射电源,但观测结果并非如此,这就是令人困惑的原因。

大量宇宙射电源特别是不少强射电源的发现,使人们认识到,热辐射不是产生射电波的主要机制,必须寻找产生射电波的其他机制,才是解决疑难的出路。

20 世纪 40 年代，在电子同步加速器的研究中发现了一种新的辐射机制，即速度接近光速的相对论性电子，在外磁场中沿圆轨道或螺旋轨道运动时会发生辐射，称为同步加速辐射。同步加速辐射的特点是：辐射功率强(电子的速度越接近光速,辐射越强),方向性强;辐射具有连续谱;有显著的偏振特点。 1950 年，瑞典科学家阿尔芬等人提出，宇宙射电波的产生机制可能正是同步加速辐射,1954 年在蟹状星云的光谱中首次发现了偏振,证实天体中确实存在同步加速辐射机制。此后,同步加速辐射机制就被广泛用于宇宙射电源中,成为推断宇宙射电源性质的重要手段。

如果宇宙射电源确是由同步加速辐射机制产生的，那么射电源将意味着高能电子和磁场,而不再是恒星。研究对象和物理过程的变化,把我们引入了新的领域,一个新的天地在天文学家面前展现了。

困惑：射电星系巨大的能量从何而来

天空中最强的射电源之一虽已被人类发现，但其间的巨大能量来自何方却依然是一个重大的研究课题。

1953 年，英国和澳大利亚的两个天文小组建成了第一批射电干涉仪。这些干涉仪可以把天空中射电源的位置精确定准到几个角分。英国剑桥大学的史密斯(C.Smith)利用射电干涉仪,把天空中最强的射电源之一,把天鹅座 A 的位置准确地定到一个角分以内。为了寻找天鹅座 A 的光学对应天体，巴德和闵科夫斯基用帕洛玛山上刚刚安装好的 5 米光学望远镜对准天鹅座 A 射电源所在的天空方位，结果在这个位置上发现了一个形状比较特殊的 16 等扰动星系。闵科夫斯基还得到了这个暗弱星系的光谱，这在当时是很不简单的事情。分析星系光谱的结果表明，不仅有各个恒星的组合光谱，还有许多明亮的发射线。认证结果表明，谱线的红移竟达 0.057 之多，由此推算出星系离我们的距离为 970 兆秒差距(取哈勃常数 Ho=100)。因此，天鹅座 A 这个在天空中名列第二的强射电源，当然不在银河系内，而且也不是邻近的星系。另外，天鹅座 A 离我们如此遥远而又仍能观测到，这表明它向外发出的总射电能量是非常巨大的。詹尼逊(R.C.Jennison)和古普塔(H.K.D.Gupta)用射电干涉仪观测天鹅座 A 时，还发现了一个非常意外的现象，即射电辐射并不直接来自那个 16 等星系，而是对称地来自星系两侧很远的地方。

在 20 世纪 50 年代中期，射电天文学还处于童年时期，但是对天鹅座 A 等少数源的研究，已经触及射电天文学需要回答的三个基本问题：第一，像天鹅座 A 这样的强射电源，既不是银河系内邻近的恒星，也不是邻近的星系，它的距离很远而且辐射很强，这就意味着它具有非常巨大的能量。那么，这些能量从何而来呢？第二，射电源虽然产生于巨椭星系，但是射电辐射的发射区却不是星系本身，那么星系中产生的能量又是用什么方式输送到远处的射电发射区去的呢？第三，输送到远方的能量，又怎样转换成我们能够观测到的能量呢？前面已指出，射电辐射产生的机制是同步加速辐射，需要非常高能的电子在磁场中运动，那么这些电子和磁场又是如何产生出来的呢？

所有这些问题，贯穿在射电天文学的发展历史之中，直到今天，仍然是天文学家们认真研究的重大课题。

奇妙的射电喷流

形态各异而又有规律变化的射电喷流现象，激起了人们的好奇心和想像力，对它的研究也成了当前射电天文学的前沿领域之一。射电天文学研究天体的射电辐射，眼睛看不到，也无法用照相机拍摄。通常是利用工作在某一特定无线电波长的射电望远镜来观测，然后经过比较复杂的计算分析过程,最后才能形成图像或照片,供科学家研究。

　　近代的射电望远镜分辨天体细节的本领或观测暗弱天体的能力,都已经大大超过光学望远镜,并且已经观测到很多射电源,结果表明,射电源的尺度非常巨大。某些射电源的尺度比对应的光学星系大百倍,甚至可以和包含成千上万个星系的巨大星系团相匹敌。射电辐射往往来自星系外的广大区域,往往有各种各样的形态,甚至同一射电源在波长不同的各射电波段呈现出不同的形态。通常对应光学天体的研究,特别是红移的研究,发现射电源也是宇宙中离我们最为遥远的极为明亮的天体,这些遥远、明亮、宏大的天体是美丽而诱人的,也是当代天文学着重研究的对象之一,河外射电源的结构复杂,可以分成很多类型。有些源有许多小尺度的精细结构,甚至用分辨本领比光学望远镜大 1000倍的甚长基线干涉仪,也仍然无法分辨,这些称为致密源,而通常射电望远镜能看出结构的称为扩展射电源。

　　最常见的扩展射电源与天鹅座 A 相似,称为经典双源,在米波段观测,这些源由两个对称地分布在星系两侧的巨大发射区组成。

　　高分辨率观测发现,最亮的射电发射区位于这两个发射区的最外侧,称为热斑。它们的尺度约为整个源的百分之一。在星系和热斑之间,常常可以看到桥状或尾状结构。在较高的频率观测,可容易地看到星系处还有一个小的核射电源,它的射电谱较平,即辐射不因频率升高而减小,这是与扩展发射区相反的,因此更容易在高频观测到。用甚长基线干涉仪观测核源,可以在展源轴的同一方向上看到两个分裂小源呈直线排列。

　　20 世纪 70 年代中期荷兰的大型射电望远镜发现了一类头尾星系。与星系重合之处有明亮的射电核,在它的后面拖着一条或两条长长的尾巴,典型的例子是英仙座星系团中的 NGCl265 和 IC310。它们的形状有些像蝌蚪,或者说更像喷气飞机在天空留下的蒸汽尾巴,两个尾巴之

间的张角可以由小的锐角变成大的钝角。

详细分析射电星系的形态和结构,还可以给出更多的不同的类型,并且发现,各种类型的形态结构由一种极端状态向另一种极端状态呈现出各种有规律的过渡。这些形态互异而又有规律变化的现象激起了人们的好奇心和想像力,产生了许多解释射电源结构的有趣模型。

目前最流行的是射电源的束模型。它假设射电源的中心部分以喷射高能流体的方式,向延伸的子源不断提供能量和动量,对于束模型的最强有力的支持,是近年来大量射电喷流的发现。

射电喷流的形状多种多样,研究得最详细的例子是 NGC6251。

1977 年,瓦盖特 (Waggett) 等人由射电观测发现,以椭圆星系 NGC6251 中心发出一个狭长的直线状结构,一直延续 13 万秒差距长。与星系中心重合之处有一个致密射电源。第二年里德海特(Readhead)等又对这个致密源做了进一步的精细观测,发现这个小源也是一个狭长的直线状结构,长度只有几秒差距。

3C449 的喷流略有不同,从星系中心发出的两个喷流成直线喷出一段之后,突然都摆向东方,以后又都拐回来。NGC315 的两个喷流也发生弯曲,但一侧往北,另一侧却往南,对称情况与 3C449 完全不同。

对于天文学家来说,喷流现象并不新奇。早在 1917 年克尔斯(Curts)就曾用光学观测拍摄到由星系 M87 发出的一个光学喷流。在射电星系的结构发现以后,一些理论家已经开始设想,射电源所需能量是由星系中心连续供给的。从星系的中心喷出两束高速流动的流体,在星系际介质中间高速流动,一边沿路发出少量射电甚至光学辐射;一边推开周围星系际介质而向外输送能量。这种推开介质的努力,使得流体越流越减速,结果能量会在流动的终点积累起来,并转化成为辐射,这就可以自然地解释展源外端的辐射最亮的热魔。沿途漏泄发出的辐射则可以解释由星系中心指向热斑的桥或尾状结构。

在强的射电源中,热斑、星系、一些桥状结构严格地分布在一条直线上。但在比较弱的射电源中,还可以发现喷流的方向有大的转折。有些转折可能是流动不稳定性的表现,大家知道,用长的橡皮管引水浇花时,如水管放在地上,打开龙头,水管有时会左右摇摆起来,这是因为水管弯曲时,往外弯的一侧水流稍快,水压比内侧略小,压差使水管更为弯曲,宇宙中的喷流也同样会经历这种情况,使射电喷流呈锯齿状来回摇摆。3C129 的喷流似乎就出现了这种情况。

星系在介质中的高速运动可以引起喷流方向发生有规律的变化。在头尾星系的情况下,星系在星系团介质中以高达每秒几千千米的速度运动。因此星系际介质的压力将迫使喷流落在星系的后面,形成拖在一侧的两条长尾巴,用这样的解释可以估计出星系团介质的密度。而用星系团的 X 射线观测也可以估计星系团介质的密度,两种估计方法得出的结果的一致性,证明这种解释可能是正确的。如果两个星系距离较近,彼此绕着共同的重心绕转,在距星系差不多距离的地方,两个喷流将会同时向一侧弯曲,星系运动方向改变,喷流又会向另一侧弯曲。这样也许就可以形成像 3C449 这样的结构。

如果发出喷流的星系本身像一个陀螺,转动轴绕着某一条线运动,那么喷流的方向也会改变。当一侧的喷流向上弯曲的时候,另一侧的喷流就会向下弯曲,这可能就是 NGC315 的情况。

目前,对于喷流的研究还很不充分。但上面的简短讨论已经可以看出,喷流的一端联系着射电星系的中心能源,另一端联系着射电源的形态和热斑的形成。

通过对喷流的研究还可以揭示射电星系所在之处的星系际空间的介质性质。因此对喷流的观测和理论研究成了当前射电天文学的前沿领域之一。

类星体

  类星体是迄今为止人们发现的距离我们最遥远、最明亮的天体。因其像恒星而又不是恒星，所以获得了"类星体"的名称。它成为 20 世纪 60 年代著名的天文学四大发现之一。到目前为止，已发现类星体数千个。

奇异的类星体

  类星体的发光能力极强，比普通星系要强上千百倍，因此获得了"宇宙灯塔"的美名。

  在 1960 年，美国天文学家桑德奇，用当时世界上最高倍的望远镜，看到一个名叫 3C48 的射电源，发现它并不是一个射电星系，而是一颗星，这颗星很暗，颜色发蓝。三年以后，又一位美国天文学家施米特又发现了一个类似 3C48 的天体 3C273。这位科学家对射电源 3C273。进行光谱分析，发现在这个天体上，并没有什么地球人未知的新元素，不过是普通的氢光谱线，所不同的是，这些元素的谱线都向长波方向移动了一段距离，天文学上把这种现象叫做"红移"。这种红移现象一般恒星也有，不过移动的数量很小。可是类星体的红移量非常大，比一般恒星的红移要大上几百倍甚至上千倍。根据美国天文学家哈勒在 1929 年总结出来的规律，红移的大小同星系与我们的距离成正式，红移越大，星系距离我们也就越远,这种巨大的红移现象表明,这些天体距离我们十分遥远。按照哈勒定律,可以推测出这些天体远在几十亿光年甚至上百亿光年以上,换句话说,在这些类星体发光的时候,我们的太阳系还未形成呢,因为太阳系只有 50 亿年的历史。

经科学家们研究,类星体的发光能力极强,比普通星系要强千百倍,因此获得了"宇宙灯塔"的美名。更令人们吃惊的是,类星体的直径又非常的小,只有一般星系的十万分之一甚至百万分之一。为什么在这样小的体积内会产生这么大的能量?这一问题使科学家们兴趣倍增而又大伤脑筋,因此,种种假说便接踵而来。有人认为其能源来源于超新星的爆炸,并猜测其体内每天都有超新星爆炸;有人分析是由于正反物质的湮灭;还有人推测类星体中心有一个巨大的黑洞。

要想拨开类星体的"谜雾",还有待于科学家们辛勤探索。

类星体是一座星系桥吗

类星体是孤悬独立的,还是连接不同天体间的物质桥?科学家们分歧也许只能证明这还是一个尚待揭晓的课题。

大部分天文学家根据类星体光谱线有较大的红移而认为类星体是相当远的天体。但是后来几位天文学家指出,至少有一些类星体离地球比较近。他们的主要证据是在那里一颗类星体与一个多普勒位移小得多的星系有明显的联系。美国国家射电天文台的卡里利和他的同事对上述令人颇感兴趣的失偕的类星体——星系样本进行了研究。

狮子座中亮度为 13 等的漩涡星系 NGC3067,红移仅为 0.0049,离我们只有 9500 万光年。而相比之下,在这个星系以北仅 2 角分的一个强射电源——类星体 3C232 却要远上 100 倍,它的红移值为 0.5303,相当于大约 90 亿光年的距离。这两个天体似乎由一个物质桥连接着。

卡里利等人用甚大阵射电望远镜发现的特征是由一个中性氢气体的长尾构成的,该氢气长尾从星系一直延伸到类星体的前部。这一明显特征或许是从 NGC3067 南北的旋臂吸引过来的气体,因为它的视向速度与之相近。

对类星体 3C232 的光学和射电观测揭示出氢和钙的吸收线具有类似星系的多普勒位移。构成这些特征的物质大概与甚大阵观测到的产生氢辐射的物质是一样的。

在类星体前部的气体与 NGC3067,的距离至少有 5 万光年,为什么离得这么远? 最可信的解释是这个桥是星系和其他什么东西之间的一种相互作用,然而这又与流行理论相悖。流行理论认为类星体的吸收线起源于星系的盘或晕。

NCC3067,还有其他特征,它具有明显的尘埃通道,并有一个多重核心。从它的高射电和强红外光度来看,它属于星爆星系。

类星体会不会导致这些特征,纵然它很远。只有进一步观测才能分晓。

它们的接近可能是一种位置上的巧合。不过如果真的有连接,3C232 的辐射会激发尾部的气体,经过长时间曝光会显示隐隐可见的辉光。

天文学面临的难题:类星体光变能量

不少类星体都有光变,而且光变周期比较短,这些现象的发现使人们更加感到类星体的神秘、离奇和特殊。

光变究竟意味着什么,需要稍微解释一下。设想某一个天体突然发生一次爆发,使天体各处同时增亮,向四面八方发出的电磁辐射同时急剧增加,于是从地球上的观测者看来,它发生了光变(当然也可以发生在其他波段,例如上面提到的 X 射线波段等等)。由于发生光变的天体本身有一定的大小,所以地球上首先观测到的是天体上离我们最近的那一部分的光变,最后观测到最远的那一部分的光变。假设天体各部分的光变是同时发生的,而且爆发后天体各部分立即恢复原状,那么在地球上观测到的光变时间(从增亮到恢复原状的时间)应该等于电磁波从这个天体最近一侧传到最远一侧的时间,也就是说,发生光变的天体大小应该不大于光变时间与光速的乘积。上面简单的推理应该是成立的,因此,根据观测到的光变时间可以估计天体的大小。前面已指出,很多类星体的光变时间只是几个月,有的甚至只有 100 秒(X 射线辐射的显著变化),这一结果表明,相应的类星体的大小,不会超过一光年甚至没有超过 100 光秒。大家知道,光从太阳传到地球需要 8 分多钟,也就是说日地间的距离 (称为 1 天文单位)是 8 光分。因此,光变时间为 100 秒的类星体的大小只是一个天文单位的五分之一。然而,在这么小的空间范围内竟然集中了如此巨大的能量,这就是天文学所面临的难题,也正是天文学家有巨大兴趣的原因。

从很小的区域内发出很大的能量,这使理论家们感到困惑,难以做出适当的解释。

下面介绍一下理论上面临的两个困难。

首先是所谓爱丁顿极限,大家知道,光(电磁波)对物质的照射会产生压力(光压),这就是彗星尾巴总背离太阳的原因。光压来自物质对光线的汤姆逊散射,当电磁波射到物质上时,会使其中的电子以同样的频率做强迫振动,同时向各个方向不断发出这个频率的次波,这就是汤姆逊散射。一个天体要保持动力学稳定,就要求它的引力大于辐射压力(光压),而天体的引力又与它的质量有关,因此,一定光度的天体对应的有一个质量下限(即质量必须大于这个下限值,否则就不能稳定)。根据光度和质量下限的关系,由观测到的类星体光度可以得出,类星体的质量不能小于 $10^6 \sim 10^7 M_\odot$。

另一方面,大质量天体的最小几何尺度是它的黑洞尺度,黑洞的尺度可以由它的质量以及引力常数与光速来确定,黑洞尺度义应是最小的光度时间与光速的乘积。由此可以得出天体质量上限与光变时间(以及引力常数和光速)的关系,结果得出,光变时间只有 100 秒的天体,它的质量上限是 $10^7 M_\odot$,只有光变时间较长的天体才能有更大的质量上限,所以类星体的质量下限和上限相当接近,这是理论上面临的一个很大的困难。

光度变化带来的另一个问题是所谓康普顿灾难。大家知道,光子与自由电子相遇时会因碰撞而出现一种散射过程,高能光子(X 射线,7 射线)与静止或近似静止电子之间的碰撞导致高能光子能量损失从而频率降低。波长增加的散射过程称为康普顿散射,是康普顿 1922 年发现的。反过来,高能电子与低能光子相碰撞使低能光子获得能量从而频率增加、波长减小的散射过程称为逆康普顿散射。这两种散射都是光子与电子间的弹性散射,只是能量传递方向正好相反,前者能量由光子传递给电子,后者是电子传递给光子。

当高能电子遇到光辐射时,经逆康普顿散射,光子吸收电子的能量,频率增加、波长减小,成为更高频的光子,辐射场越强,散射过程越有效,当辐射场的等效温度大于 10^{12} 度时,经逆康普顿散射产生的较高频辐射场会比原先的较低频辐射场更强,较高频辐射场与高能电子之间的逆康普顿散射又产生更高频的辐射场,如此等等。这样,各级辐射场都将"争夺"电子的能量,结果使高能电子根本无法存在,从而与高能电子密切相关的同步加速辐射等等电就不可能发生了。这种情况对类星体是完全现实的,因为类星体在很小的区域中发出很强的辐射,就将面临辐射场温度很高的问题，特别是近十年来的射电观测确实发现很多低频射电变源，经过认证，大部分是类星体(也有少数蝎虎座 BL 天体和星系)。如何解释其中的过程，是一个重大的理论问题。

因此，类星体光变的发现，把类星体神秘、离奇、特殊的性质进一步推到了极点。

类星体的活动是否发生在星系之中

在类星体的云状外壳里，包裹着它活动的秘密，也包裹着天文学家们破译它时所付出的艰辛与努力。

在 1963 年，类星体发现之初，天文学家曾经猜测：类星体是遥远星系的亮核。当时，马修斯和桑德奇曾发现在 3C48，周围有一个云状外壳，但与普通星系相比，云状物似乎过于明亮也过于巨大。三年后，桑德奇和米勒(Miller)在寻找与 3C48 成协的星系团时，进一步证实云状外壳，暗云南北延伸 6 弧秒，直径为 35 千秒差距，不久，在其他低红移类星体周围也发现类似情况。克里斯琴(Kistian)选取 26 个低红移类星体，观测表明，4 个肯定具有模糊包层，6 个可能有包层，2 个有喷流状延伸物。

为了判断延伸云状包层的性质，做了光谱观测，万昔勒 (Wampler)等在 3C48 的北云中观测到 OⅢ、OⅡ 和 NeⅢ 的禁戒谱线，其红移(0.370)比类星体稍大，但不见氢的巴耳末线，连续谱则表现为中心体的散射谱，这样，似乎暗云是一个被类星体电离的气体盘。在此后一段时间中，人们一直错误地以为类星体周围的延伸结构只是类星体喷出的热气体，而根本不是什么基底星系。在发现了蝎虎座 BL 天体的包层以后，米勒领导的小组选了 9 个低红移射电类星体和 9 个 N 星系，观测它们的外围结构，结果 7 个 N 星系周围测到了椭圆星系晚型恒星吸收光谱，由此肯定了 N 星系的椭圆星系性质，可是 9 个类星体中没有一个外围出现

星系应该具有的典型恒星光谱。

这样,尽管新技术的应用提高了探测类星体周围延伸结构的能力,并发现了更多具有暗云包层的类星体。暗云平均直径也与星系标准直径相似,但仍未找到类星体处于星系之中的直接证据。

直到 1981 年 11 月 4 日和 12 月 16 日,玻罗逊(Boroson)和沃克(Oke)用 5 米望远镜再次观测 3C48 周围的暗云,借助于一个很好的光谱仪和 CCD 电荷耦合器件,用了 2 小时的露光时间成功地获得了暗包层的光谱。结果表明,除了早期发现的禁戒发射线之外,还有一个具有吸收线特征的连续谱,吸收线有氢的巴耳末线和钙的 H、K 线等,但是没有晚型恒星的吸收特征,相反的连续谱为热星型,平均光谱型为 A7,连续谱的斜率也表明其间恒星多为蓝星(B–V 为 0.35)。红移与类星体一致,与禁戒跃迁红移有 500 千米/秒的速度差。

总之,类星体的基底星系具有蓝颜色的早型光谱,有较近的恒星形成(蓝星寿命短),又有吸收线,所有这一切都要求星际气体丰富,从而排除了基底星系是椭圆星系的可能性,即使是漩涡星系,平均颜色 B–V:0.38 仍然比暗云红。看来,有可能是类星体的活动引起了激波,恒星是在激波触发下形成的,这也可以说明为什么类星体的基底星系比一般的正常星系要亮得多 (视星等约为 18.5 等),这一观测为揭开类星体之谜迈出了重要的一步,在建立类星体、活动星系和正常星系的联系中是一个具有决定性的环节。

在这一发现之后,沃克等进一步对红移小于 0.2 的其他 10 个亮类星体做了类似的观测,结果在其中的 6 个类星体中发现了晕,并得到了晕的光谱,这 6 个类星体全是射电类星体,其中似乎又可分为两类。

第一类,光谱中有强的氧禁线,颜色发蓝,有些类似漩涡星系的光度,这些类星体是 3C249.1、4C37.43、4C11.72、3C323.1。射电辐射多为陡谱双源。

第二类,发射线比较弱,颜色也发红,与第一类相比,也许更像椭圆星系,但其射电辐射多为平谱致密源,这里面包括 PKS2141+174 和 4C31.63,仔细比较观测结果,可能 3C48 和 3C273 也属这一类型。

看来,类星体并不是一类天体的全貌,而只是核心比较亮的部分,但是基底星系的性质是什么,是类似椭圆星系还是类似漩涡星系,目前还不能作出肯定结论。

争论不休的类星体红移与宇宙学研究

类星体红移在天文学界虽引起了不休的争论,但这一争论对宇宙学研究却有着重要的意义。

河外星系和类星体的许多性质在很大程度上有赖于它们的距离。多年来,通过河外天体的谱线红移测定其距离是一项惯用的方法,而实施这一方法的前提则是承认大爆炸宇宙学说和膨胀宇宙的概念。20 多年来, 不少天文学家对河外天体的红移是否真的标志它们的距离一直持怀疑态度。最明显的一个例子就是有名的飞马座斯提芬五重星系,从它们的谱线红移测出其中四个星系的视向速度都接近于每秒 6000 公里, 可是 NGC7320 的视向速度只有每秒 800 公里。大多数天文学家认为,这是由于靠近我们的星系沿视线方向在远方天体前投影的结果。但对一些红移值不一致的河外天体所组成的系统的分析表明,这样的天体系统不是个别的,说明它们成员间都是前、后投影的关系是很难让人信服的。但如果认为这种天体系统中的各成员与我们的距离基本一致,则必定有某些成员的红移值与其退行速度无关。

20 世纪 90 年代, 英美有两个天文学家小组对这个问题进行了研究,其中一个用星系计数和计算机模拟的方法证明,在所有已知的五重星系中, 有 35% 应当含有一个偶然碰上的红移值不一致的星系。事实上,在实测过红移值的五重星系中,10个系统里面就有4个有一个成员具有不协调的红移值。这一研究结果明显有利于投影假说。另有一个小组通过研究,得出高红移值类星体确实有"回避"落在低红移值星系附近4角分以内的趋向。他们认为这一结果是来源于星系团中尘埃的屏蔽效 应,星系团相对于远方的类星体说来是一个前景天体。这一研究结果支持了大爆炸宇宙学说。

但有关河外天体红移的论战并未到此结束, 一些星系明显地与它的红移高得多的类星体有物理上的联系。最明显的例子是漩涡星系NGC4319(红移 Z=0.006)与类星体 MK205(红移 Z= 0.070)之间的联系。著名天文学家 H.C.阿尔普和他的合作者 J.W.苏伦蒂克用他通过拍摄这类天体系统的照片、光谱并进行射电观测来证明自己的观点。在一幅精心洗印的光学照片上,明显看出一条"有争议的桥"从 NGC4319 的核心发出,几乎是连续不断地一直延伸到 MKr205 在其相反的方向上,这一"射束"止于一个亮紫外节点,其光谱表明该射束是从星系核心喷出来的。节点附近的气体看上去被激光所激发,两位天文学家认为,这是由于星系核的爆发活动所致。

上面提到的许多观测事实都支持或有利于类星体红移的宇宙学解释,如果以红移的宇宙学解释为前提,那么类星体就成为距离我们最遥远的天体了,这一点对于宇宙学研究具有重要意义。

宇宙学是天文学的一个分支,它从整体的角度研究宇宙的结构特征、运动形态和演化方式。

位于几十亿光年或百亿光年远处的类星体就好像地球上曾经出现过的恐龙一样,使我们看到了宇宙年轻时的情景。由于没有观测到红移大于4的类星体,这似乎表明,在比百亿年更早的时期,宇宙中还没有类星体存在,类星体大约是在几十亿到目亿年前才诞生的(这就好像地球上的恐龙也有一定的诞生时期),诞生之后,光辉夺目,成为明亮的天体,此后,类星体数日大大增加,但亮度似乎也变小了。最后,在离我们较近处,类星体又变少了。再近,消灭了(类星体红移均较大,即距离均较远)。

因此,类星体不仅仅作为一种奇特的天体引人注目,并且,更重要的是,就像在地球上曾经历过诞生、繁衍、消亡过程的恐龙一样,它能从一个侧面反映整个宇宙的演化。这就是类星体在宇宙学研究中的重要意义。

不仅如此,类星体还是在最远处照亮黑暗宇宙边界的探照灯呢,在它的光芒照耀下,使得一些无法直接看到的暗淡星系或无光的星系际气体云由于吸收了类星体的光而使我们能够察觉,所以类星体还是研究介于观察者与宇宙边界之间的星系际介质和中介星系(特别是它的暗淡的晕)的有力武器。

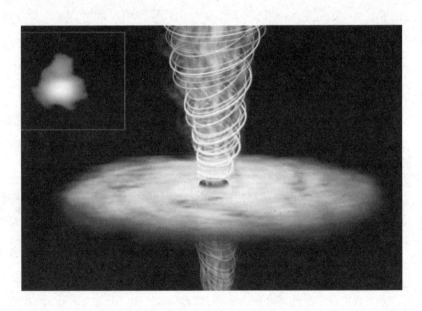